イヌの気持ちがわかる67の秘訣

なぜどこにでも穴を掘ろうとするの？
どうしていつも地面のにおいを嗅ぐ？

佐藤えり奈

SB Creative

著者プロフィール

佐藤えり奈(さとう えりな)

京都市生まれ。米国ミネソタ大学生物科学部生態進化行動学科卒業。生物学、動物の生態・行動学を学んだ後、英国のピーター・ネヴィル博士に師事しながら、COAPE (Centre of Applied Pet Ethology) にてディプロマ修了。日本大学発のベンチャー企業スノードリーム株式会社所属。京都薬科大学の講師を務めつつ、関西圏を中心に、イヌの問題行動を解決するペット心理行動カウンセリングを行うほか、動物病院でパピー クラスも開催している。おもな著書は『イヌの「困った!」を解決する』(サイエンス・アイ新書)。

佐藤えり奈の「犬のきもちを考えた
英国式ペット心理行動カウンセリング」
http://www.petbehaviorist.info/

本文デザイン・アートディレクション:クニメディア株式会社
イラスト:ほたてぃーの
校正:曽根信寿

はじめに

私は、ペット心理行動カウンセラーとして、イヌの問題行動を解決する仕事をしています。イヌの困った行動の原因は、「イヌが自分のことを群れのボスだと思っているから」という考えが主流だった当時、私もそう思っていました。しかし、私自身、米国で行動学を、英国でイヌの行動心理学を学び、経験を積む中で気がついたのは、その考えが間違いだったということです。

イヌの問題行動といっても原因はさまざまで、**多くの場合、飼い主の行動が原因**です。飼い主は、「なぜイヌがこんな困った行動をするのかわからない」と言いますが、飼い主自身がイヌのボディランゲージや表情、生態、学習の仕方を知っていれば、もっと「イヌの気持ち」を理解して、問題行動の原因に気がつけるのです。そのうえで初めて、あなたの気持ちや、あなたが愛犬にして欲しい行動を伝えられるのです。

私はこの本を書きながら、自分が子供だったころ、書店に行くたびイヌに関係する本を祖母にせがんで買ってもらっていたことを思い出しました。そのころの私は、イヌのことをもっともっと知りたかったのです。

いま思えば、イヌの知識を増やしたいわけではなく、当時一緒に暮らしていた小さなヨークシャーテリアの気持ちを少しでも理解したかったのでしょう。大好きな愛犬の気持ちに寄り添えるよう、少しでも彼を理解し、彼に近づきたかったのです。

当時はまだ、「イヌになめられないためには、群れ(家族)のボスにならないといけない」という考えが主流でした。そのため「主人よりも先を歩かせてはいけない」「イヌの食事は主人が食べてから与える」といった、いまでは考えられないような古典的なしつけを行い、愛犬にはかわいそうな思いをさせてしまいました。

このようなドミナンス理論は、20年以上前に米国で流行し、日本に伝わってきましたが、現在では数々の研究が進んだことにより、非科学的で誤っていることが明らかになり、ペット先進国では衰退しつつあります。私自身も、**大切なのは主従関係ではなく信頼関係**だと信じています。

昨今では興味深い研究がさらに重ねられ、これまで知られていなかったイヌの生態が次々と明らかになっています。この本が発売されるころにも世界のどこかで、イヌについての新しい発見がなされているかもしれません。イヌについての情報やしつけの仕方は、時代の変化とともに変わってきていますから、私たちも古い知識をアップデートしなくてはなりません。

本書は、近年のイヌの行動学、生態学、進化学、私自身の経験から明らかになってきた、イヌという生物の真の姿を見つめ直しています。「イヌのことをすべて知って欲しい」という私の欲張りな気持ちがいっぱいつまっています。もし子供のころの私が、本書に書かれているようにイヌにも反抗期があることや、イヌのボディランゲージの正しい意味を知ったら、とても驚いたでしょう。

この本を読み終えた後、もし飼い主が愛犬のことを、ほんのちょっぴりでも以前よりわかるようになったと思えたのなら、もうそれだけで十分です。本書を読んでも、あなたの愛犬の行動を100％理解することはできないかもしれません。だからこそ、これから愛犬と一緒に、自分の身をもって経験して欲しい、感じて欲しいのです。本書が「イヌのことをもっと知りたい！」と思えるきっかけになれば幸いです。

世の中のイヌと飼い主が、お互いを理解する幸せな暮らしに一歩近づける――イヌの心理行動カウンセラーとして切に願うのは、どちらか一方の幸せではなく、**両者の幸せ**です。

最後になりましたが、執筆中は、実際に飼い主さんに聞かれることをマンガのネタにしたり、関西人ならではのオチを考えたりして、感慨深い1冊になりました。前回と同様、本書の刊行にご尽力いただいた科学書籍編集部の石井顕一氏、イラストレーターのほたてぃーの氏、執筆中に支えてくれた家族に心から感謝いたします。

2015年1月　佐藤えり奈

イヌの気持ちがわかる67の秘訣

どうしてどこでも穴を掘ろうとするの？　イヌは自分のことを人だと思っている？

CONTENTS

CONTENTS

第1章

イヌのボディランゲージを知る

イヌが尻尾を振っていても喜んでいるとは限りません。「イヌ好きなのに警戒される……」という方は、近寄り方に問題があるかもしれません。この章では、イヌのボディランゲージからイヌの気持ちを学びましょう。

どうして言うことを聞かないの？

「おやつがあれば、呼ぶと来るんだけど……」
「叱っても言うことを聞かない……」
「自分のほうが上だと思っているから咬む……」

あなたは、このようなことをよく口にしていませんか？

もしそうだとしたら、それはイヌとうまくコミュニケーションが取れていないのかもしれません。

イヌという動物は、社会性に富んでいて、コミュニケーション能力がとても高い生き物なのです。しかし、コミュニケーションは、一方通行では成り立ちません。

お互いが、相手に伝えようとしている意思や気持ちを理解して初めて、成り立つのです。

そのためには、まずはあなたがイヌの気持ちをわかってあげること。でもどうやって？

1つ目は、あなたが**イヌの習性や学習の仕方を理解し、ボディランゲージや表情を読み取れるようになること**です。こうすれば、手にとるようにイヌの気持ちがわかります。

2つ目は、**あなたがイヌに自分の気持ちを伝える方法を知っていること**です。イヌの恐怖心を利用し、暴力や力でねじふせることで言うことを聞かせても、それはコミュニケーションとはいいません。

イヌの気持ちを理解して、あなたの意図がイヌに伝わったとき初めて「イヌとコミュニケーションが取れた」と言えます。こうなれば、イヌともっと仲良くなれるし、信頼できる飼い主はイヌにとっても、かけがえのない存在になります。

先生、うちの子が
全然言うことを
聞いてくれないんです

それにいきなり
咬むんです！

なるほど
（本当に「いきなり」かしら…？）
しかも叱っているときあくびしたり、
後ろを向いて無視したり
するんです!!
なるほど（本当に「無視」かしら…？）

うーん、それは
コミュニケーションが
取れていないのが
原因です
コミュニ
ケーション？

はい。イヌのボディランゲージや
表情を理解する必要が
あります

イヌの目は何を見ているの？

イヌも私たち人と同様、相手のイヌ、ときには人の表情や姿勢を見てコミュニケーションを取っています。イヌは相手のイヌの視線、耳や尻尾の位置を見て相手の状況や気持ちを判断し、争いを避けたり、より仲良くなったりするため、じょうずにコミュニケーションを取っているのです。

イヌは相手のイヌの表情、つまり**目、耳、口もとの動きを見てコミュニケーションをとります**。まずは相手の視線です。もともとイヌは、自分の目を見つめられるのが苦手です。イヌがじっと相手の目を見つめているときは、「近づくと攻撃するぞ」という意味なのです。そのため、私たちが無表情にイヌの目を見つめたり、叱ったりすると目をそらします。これは、相手に「敵意はないよ」と攻撃する気がないことを伝えているのです。

耳や尻尾の位置も、イヌの気持ちを表すバロメーターです。イヌは恐怖を感じていると、耳を伏せて、尻尾をおしりの下に入れます。唇を後ろに引き、歯が見えている状態です。

逆に、イヌが自信満々、「それ以上近づくなら攻撃するぞ！」といった体勢のときは、尻尾は高く上がり、耳もピーンと前向きに立っています。恐怖を感じているときと同様に、歯が見えていますが、唇をめくりあげて、鼻の上にシワが寄ります。

まれに「急にイヌに咬まれた」と言う飼い主がいますが、攻撃しようとしているイヌは、ほとんどが**なんらかのボディランゲージを示しているはず**です。イヌのボディランゲージをしっかりと、読み取ってください。

なお、「近づくなら攻撃してやる！」といった積極的な攻撃体勢

でないからといって、恐怖を感じているイヌへ不用意に近寄ると、追いつめられて防御性攻撃を行うこともあるので、無理に近づくのはやめましょう。

イヌは熱心に なんのにおいを嗅いでいるの？

イヌの嗅覚は、においの種類にもよりますが、人の嗅覚より**最大で1億倍**もすぐれており、イヌの体のなかで非常に発達している部分です。イヌは大昔から、獲物を探索するため、繁殖のため、そして争いを避けるため、嗅覚によるコミュニケーションを用い、大切な役割を担ってきました。

イヌは、排泄物（おしっこ、うんち）のにおいのほか、肛門からの分泌物や体のにおいを、嗅覚を用いたコミュニケーション手段として使います。

初めて出会うイヌ、もしくは仲良しのイヌに出会ったときのイヌのようすを見ていると、お互いのおしりや顔の辺りを嗅ぎ合うことに気が付くと思います。これはにおいを嗅ぐことで、**相手の性別や年齢、気分や状態を調べ、情報収集しているから**です。この一連の行動が済むと、イヌ同士で遊びだしたり、その場から立ち去ったりします。

このとき、「ごあいさつしなさい」と、飼い主が無理矢理イヌににおいを嗅がせるのではなく、イヌのペースに合わせて、やさしく見守ってください。

なお、お散歩の最中に電柱や草むらなど、ほかのイヌがおしっこをした場所を嗅ぐのも情報収集です。

「家の庭にイヌを放しているし、十分に運動できているので、お散歩はいらないですか？」と聞く飼い主がいます。いいえ、それは違います。お散歩は、運動だけでなく、イヌにとって情報収集という楽しみでもあるのです。お散歩には必ず連れて行ってあげましょう。

なんであんなに一生懸命においを嗅ぐのかな…？
くん
くん
マーキングの跡はメールみたいなものだからです
メール？
件名：はじめまして
本文
最近引っ越してきました。元気なオスイヌです。2歳です。
from タロー
ふむ
ふむ
なるほど…
件名：イケメンです
本文
3歳。オス。彼女募集中。
from コウタ
においを嗅ぐのにはちゃんと意味があるんだね…
あ、上書きした

イヌは耳でなんの音を聞いているの？

イヌは視覚を用いてコミュニケーションを取る（02）、嗅覚を用いてコミュニケーションを取る（03）と解説しましたが、そのほかにも吠えたり、鳴いたり、聴覚を用いたコミュニケーションも取ります。

イヌと暮らしている人や暮らしたことがある人は、すでに気が付いていると思いますが、イヌの吠え方はさまざまです。恐怖や痛みを感じているときは高い声で鳴きます。怒りや警告を発しているときは「ウ～」と低い声で唸ったり吠えたりします。

吠えの速さは、イヌの興奮度を表します。興奮していれば速いスピードで吠えます。たとえば、知らない人が家にやってきたときなどは、「侵入者め！ でて行け！」と、ワンワン吠えますよね。

イヌの聴力は、人の耳には聞こえないような遠くの音が聞こえたりして、人より何倍もすぐれています。しかし、人が話す言葉の内容を聞き取る力は、人ほどすぐれていません。イヌが人の話す言葉を理解するには、**言葉の音よりも、声の調子（トーン）が重要**です。

低い声で叱り、高い声でほめる

たとえば、「おいで」という言葉で考えてみましょう。もし「おいで」を、イヌの唸り声に似ている低い声で言えば、イヌを怯えさせてしまいます。逆に、高い声で楽しそうに「おいで」と言えば、イヌは興味を示してこちらにやってくるでしょう。

このように声の調子を利用して、「いけないことをしたときは低い声で」「ほめるときは高い声で」と使い分けることで、よりじょ

呼び方には
コツがあります
ダメな例①
低い声で
おいで
と言う
イヌは低い声を
怖がってしまう

ダメな例②
呼び方がバラバラ
おいで
こっち
きなさい
Come
呼び方に統一性がないと
イヌはわからない

ダメな例③
おいでー、こっちにきたら
おやつあげるよー。イイ子ねー
おいで〜〜
と言う
長すぎてイヌは理解できません

うずに愛犬とコミュニケーションが取れます。

前述のようにイヌは、人ほど言葉の内容を聞き分ける能力はすぐれていません。たとえば「お座り」をさせたいとき、「もう、お座り！　お座り！　どうしてできないの……？　ほら、座って！」と人に話しかけるように話す人がいます。しかし、イヌはこのような長い言葉を理解できません。

むしろ、はっきり「お座り」と言うほうがイヌに伝わりやすくなります。また、「お座り」「座って」などとさまざまな言葉で指示するのではなく、「お座り」なら「お座り」、「座って」なら「座って」と、統一性を保ちましょう。

また、イヌがお座りをしないからといって、「お座り、お座り、お座り！」などと、何度も繰り返していると、イヌは「お座りをすること＝お座り×3」と理解してしまいます。お座りさせたいときは、きつく言う必要はありませんが、**ピシャリとひと言「お座り」というのが基本**です。

お座りの号令は「はっきり」と「一度だけ」言うのが効果的である

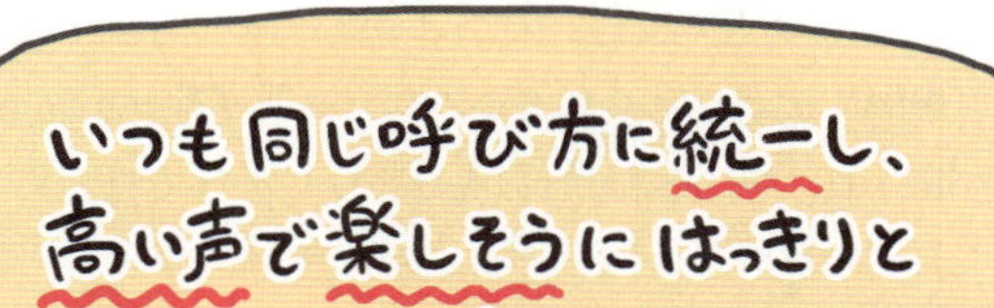
いつも同じ呼び方に統一し、
高い声で楽しそうにはっきりと
呼ぶのがコツです

なぜ前肢を私のひざの上にポンと置くの？

ソファに座ってテレビを観ていたら、イヌがひざの上に前肢をポンと置きました。そこには、キラキラした目で見つめてくる愛犬が！

これはどういう意味なのでしょうか？

イヌ同士の遊びでは、相手の体や顔に前肢をかけるしぐさが見られます。この行為は一般的に「優位性を誇示する行動」とされることが多いようです。

そのため、イヌが前肢を飼い主のひざの上に置くしぐさを、「自分のほうが人より上だと思っている証拠」などと、勘違いする人が多く見られます。

しかし、イヌのこの行為は、「ねぇねぇ、こっち見てよ」「なでて！」といった意味です。

この行為をするイヌは、過去、飼い主のひざの上に前肢を置いたら、「食べていたおやつをくれた」「なでてくれた」「遊んでくれた」経験をもっています。イヌは飼い主のひざに前肢を置くと自分に注目してくれて「どうしたの？」とかまい、注目してくれることを覚えたのです。

ですから、愛犬がひざに前肢を置くときは、あなたになにかをお願いしているときなのです。

ひざに前肢を置くだけでなく、「新聞を読んでいると、なぜかわざわざ新聞紙の上に座ってくつろぎだす」「パソコンを使っているとキーボードの上に乗ってくる」なんていうイヌも同様です。

イヌはこうすることで、飼い主の注目を得られることを知っているわけです。

ん？
トコトコトコトコ

ポン

あら。でもいま
いいとこだから
後でね…

ポン

ポン
ポン
ポン
あんた…私を
なめとるな（怒）

いいえ、これは飼い主を
なめているのではなくて
「なでて」と
お願いしているだけです

06 頭を下げておしりを上げる意味は？

イヌが、おもちゃを振り回しながらあなたのもとにやってきたと思ったら、上体を低くして、おしりを上げるおかしなポーズをとっています。こっちをじっと見て動きません。

これは怒っているのでしょうか？　もしかして攻撃体勢に入ったということなのでしょうか？

いいえ。実はこれ、**遊びのおじぎ**（**play bow**）といわれるポーズです。「一緒に遊ぼう！」と、**遊びたい気持ちを表現している**のです。このとき、しばしば尻尾は高く上げられ、左右に振られます。くしゃみをしたり、「遊ぼうよ！」の意味で吠えたりすることもあります。

このポーズは人とだけではなく、イヌ同士の遊びでもよく見られます。遊びのおじぎの際は、相手のイヌも同じようなポーズをとり、まばたきをしながら見つめ合い、少し静止した後に動き始めます。まるで人の追いかけっこのようですね。

なお、遊びのおじぎのように尻尾を高く上げて前のめりになっていても、場合によっては積極的な攻撃体勢である可能性もあります。

区別するには口もとを見ると一目瞭然です。遊びのおじぎのときは、口もとが閉じていたり、緩やかに開いていたりしますが、攻撃体勢のときは鼻の上にシワが寄り、歯がむきだしになっています。

「これ以上近づいたら攻撃するぞ！」という意味を「遊びに誘っているのね」と取り違え、不用意に近づいて攻撃されてはたまらないので、よく観察しましょう。

先生、私、うちの子に嫌われてるみたいなんです…
どうしてですか？

だって、いつもヌイグルミをくわえてこちらをにらみながら頭を下げてブンブン振り回すんですもの。「とれるもんならとってみな」という感じで喧嘩腰なんです…
ブッ

あ、それは「遊びのおじぎ」か「遊ぼうよ！」と誘っているんですよ
えっ
そ、そうなんですか、よかったー!!!
グルルルルルル
あ、いまは怒ってますね…

なぜイヌが大好きなのに吠えられる？

イヌを見つけるなり、「かわいい！」と大きな声をあげてかけ寄り、イヌの顔をのぞき込みながら「かわいいね～」といってなでようとする――しかし、この行動はイヌにとってちょっぴり怖いものなのです。なぜでしょうか？

理由は2つあります。

まずは人が、イヌのもとにまっすぐ駆け寄る行動から考えてみましょう。社交的なイヌは、ほかのイヌに出会っても、じょうずにコミュニケーションをとります。お目当てのイヌにいきなりまっすぐ駆け寄るようなことはなく、横から回り込むように近づき、おしりのにおいを嗅ぎ合ったりして挨拶します。イヌは**まっすぐ近づいてこられると「何者だ？」と少し警戒してしまう**のです。

次に、イヌの顔をのぞき込んで頭をなでる行動を考えてみましょう。イヌにとって、相手のイヌの目をジッと見ることは挑戦的な行為です。ですから、社交的なイヌは、ほかのイヌに近寄るとき、目をそらしながら近づきます。逆に、威嚇、攻撃体勢に入っているとき、イヌは体重を前にかけて前のめりになります。そのため、イヌの頭の上からのぞき込みながら目をまっすぐ見つめると、イヌからしてみれば怖いのです。イヌにとって**威嚇の体勢**だからです。そのうえ頭の上に手をもってこられると、「たたかれるのではないか」と身構えてしまいます。

イヌと仲良くなりたいなら、イヌのマネをして回り込むようにゆっくり体の側面に近づき、自分のにおいを嗅がせて挨拶し、いきなり頭ではなく、あごの下や背中からやさしくなでてあげましょう。

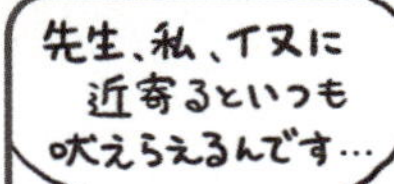
先生、私、イヌに近寄るといつも吠えられるんです…

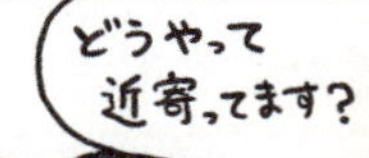
どうやって近寄ってます？

どうって…

あ、それは最悪ですね

かわいいから、目を見つめながら駆け寄って、かわいい顔をのぞき込みながら頭をなでてあげます♡

最悪？

だって、もし自分がイヌで、自分の何倍もある巨大な生き物が急接近してきて、つかまり、急に頭をなでられまくったら怖くないですか？
ガヴイイ…

た、たしかに…

イヌに近寄るときは、低い位置からゆっくり近寄り、自分のにおいを嗅がせつつ、やさしく触るのがコツです

なぜ帰宅すると飛びついてきて口をペロペロするの？

飼い主が家に帰ってくると、イヌが全力で飛びついてきて、飼い主の口や顔をペロペロとなめる——こんな行動をとる理由の1つはイヌの習性です。

イヌの亜種であるオオカミの親子は、子供のオオカミが母親オオカミの口もとをなめることで、食餌を吐き戻してもらい、それを食べます。

しかし、飼い主に向けてこの行動をとるときは、食べ物をねだっているのではなく、甘えている証拠です。**飼い主を母イヌのように慕っている**のです。

また、あなたの愛犬がいたずらをして、そのいたずらを叱ったとき、近寄ってきてあなたの口もとをペロペロとなめてきたことはありませんか？

イヌは、争いを避けるために、**相手の口もとをなめて相手をなだめる**行動をとります。この場合、叱られたイヌは、「ごめんよ、怒らないでね」といっているのです。

確かに顔中や口をなめられるのは抵抗があるかもしれませんが、せっかく愛情を示してくれているのに、拒否してばかりでは、愛犬がちょっとかわいそうです。

どうしても困るようであれば、「口をなめる」という愛情表現の代わりになる表現を教えてあげて、目一杯なでてあげましょう。たとえば、「飼い主が帰ってきたときは、お座りをすればとてもほめてもらえる」と教えてあげるのです。これを学習できれば、飼い主が帰宅時に飛びつかなくなりますし、イヌも大好きな飼い主になでてもらえて大満足です。

ただいま～
タタタタ…

飼い主が帰宅したときにイヌが顔をなめるのは愛情の証ですよ。相手をなだめる意味でなめることもありますけどね

あはは、これは愛情表現なんだね～！かわいいね…ん？クンクン、なんかくさいぞ……
ペロ
ペロ
あ！うんちに失敗してるー!!
あっ
…これはどっちの意味なんだ…？
ペロペロペロペロペロペロペロ

尻尾を振っていたのに咬まれた！

「イヌが尻尾を振っているときは喜んでいるとき。そんなの常識じゃないの？」――多くの人がこのように思っていることでしょう。

でも、残念ながらそれは間違いです。このような勘違いをして不用意に愛犬に近づき、咬まれてしまった飼い主を、私はたくさん見てきました。

イヌが尻尾を振っているからといって、常に喜んでいるとは限らないのです。イヌは、喜んでいるときだけでなく、**興奮しているときや怒っているときも尻尾を振ります**。

ただ、尻尾の振り方や位置が、喜んでいるときや嬉しいときとは異なります。喜んでいるとき、イヌの尻尾は、おしりの下には入らず、かといってさほど高すぎることもない位置で、大きく左右に振られます。

ところが、興奮したり、積極的な攻撃体勢に入ろうとしているイヌの尻尾は、自分を大きく見せるために、毛が逆立ち、高く上げられます。

このときの尻尾は、ピーンと硬直している場合もあれば、左右に振られていたり、素早く小刻みに振られる場合もあります。

このように、「喜んで尻尾を振っているから触ってもだいじょうぶ……」と勘違いして、興奮しているイヌへ不用意に近づくと、咬まれてしまうこともあるのです。

攻撃体勢に入っているイヌは、楽しそうに尻尾を振っていても、相手の目をまっすぐに見つめ、体は前のめりになっています。イヌの尻尾だけでなく、**体勢や視線にも注目**して、イヌの気持ちを見極めましょう。

あ、コロちゃん尻尾振ってるー
遊んでほしいんだ〜。
おもちゃ遊びだね、
じゃあ、貸してごらん…

う〜ん、不用意ですね。
イヌは尻尾を振っているからといって
いつもご機嫌とは限りませんよ

コミュニケーション方法は犬種で違うの？

人は、それぞれの目的のために長い年月をかけてイヌを改良してきました。そのため、ひと言でイヌといってもその種類は多種多様です。現在、日本のジャパンケネルクラブには146犬種、英国のザ・ケネルクラブには196犬種が登録されています。それらは、性格、性質、見かけともさまざまです。

すると、**ボディランゲージを読むのに一苦労する犬種**もでてきます。たとえば、尻尾やマズル（鼻口部）が短いフレンチブルドッグ、尻尾が短く、毛むくじゃらなので表情がわからないオールドイングリッシュシープドッグなどです。

興味深い実験があります。色々な種類のイヌが一緒にいるとき、犬種によるコミュニケーションの違いが見られたのです。争いが起こりそうな状況だと、オオカミの見かけに近いジャーマンシェパード、シベリアンハスキーは、オオカミによく見られる振る舞い（抑制した咬み、相手の口もとをなめるなど）をとる傾向があったのに対し、キャバリアキングチャールズスパニエルやフレンチブルドッグには、オオカミのような振る舞いは、ほとんど見られませんでした。

どうしてオオカミのように明確なボディランゲージを示す必要がなかったのでしょうか？　なぜならボディランゲージを示してもわかりにくい外見だからです。**短い尻尾やマズル、垂れ下がった耳から気持ちを読み取るのは困難**です。本来、争いで生存を脅かす致命的な傷を負わないためにオオカミがとるボディランゲージは、家畜化されたイヌにはさほど必要がなかったと考えられます。

とっても
おとなしい
フレンチブルの
ブルくん

〜 しかし、その体格からか… 〜

イヤン

仲間に入れて…
のっし
のっし
尻尾を振っても
見えてないのかも

みんな遊んで
くれない…
ブヒ
フゴ
フゴ
ブヒヒ
唸ってる…？

それでも負けずに
ブルくんは今日も行く!!

イヌのコミュニケーション力はどれくらい？

社会性のある動物として、イヌのコミュニケーション能力は非常に高度です。特に、イヌと人の間のコミュニケーション力は、知能が高いとされているサルをもしのぐほどです。

イヌのコミュニケーション能力の高さを明らかにした実験があります。まず、中が見えず、においも漏れない2つの箱を用意します。この2つの箱の片方に、食べ物を入れます。もちろん、イヌには見せません。

続いて、実験者が食べ物の入っている箱のほうを指差したり、体を動かして箱の方向を向いたりして教えます。するとイヌは、**知性が高いとされているチンパンジーよりもずっと早く、食べ物の入っている箱がどちらか学ぶ**そうです。

さて、このように、イヌは人の指の向きや体の動きを見て判断できますが、興味深い実験はもう少し続きます。

前の実験に続いて、実験者が箱をもって振ります。当然、食べ物が入っている箱は音が鳴ります。すると、チンパンジーは音がした（食べ物が入った）箱を選びます。箱を振って音がしない場合は、もう片方の箱を選びます。

ところが、イヌは、人が振った箱から音がしようとしまいと、人が振った箱を選びます。「イヌは食べ物の音を手がかりにはしていないのでは？」との疑問もわきますが、イヌに箱の中身を見せても、やはり人が選んだ箱を選ぶのです。

これは、それだけ**人の行動を見ている、信頼しているという証**です。それだけイヌと人の間のコミュニケーション能力はすぐれているのです。

こっちに食べ物が入っているのか!!
なんだ?
イヌは人のボディランゲージの理解力が高いのです
コロコロ
……
おやつはどっちにあるでしょ〜か?
……
音がしないから人が持ってない箱!!
音はしないけど人が持ってる箱!!
イヌは人の行動を信じて判断します
こういうのも、イヌが人を信頼している証拠なのです
あ、おやつくれるのかな?
ガサ
ガサ
あ、お散歩につれてってくれるのかな?

なぜハンドシグナルがお勧めなの？

人とイヌは、視覚を通じ、手を使ったハンドシグナルでコミュニケーションを取れます。むしろ、おもに視覚でコミュニケーションをとるイヌにとっては、人の言葉よりもハンドシグナルのほうが伝わりやすいのです。「お座り」「伏せ」「待て」といった命令も、言葉なしの、ハンドシグナルのみで教えることができます。

ハンドシグナルの魅力は、**飼い主が離れた場所にいても、声が聞こえない騒々しいドッグランなどでもコミュニケーションを取れる**ことです。ハンドシグナルを理解していれば、愛犬が齢をとって耳が聞こえなくなっても、コミュニケーションを取れます。

なぜ、こんなことができるのかというと、イヌは**三項随伴性**（さんこうずいはんせい）という3ステップでものごとを学べるからです。三項随伴性とは、**①刺激（きっかけ）→②反応※→③結果、という連鎖**のことです。この連鎖を利用して、ハンドシグナルを①の刺激にするのです。

では、ハンドシグナルの教え方を解説しましょう。イヌに「お座り」を教えるときを考えてみます。まず、イヌにおやつをペロペロさせながら、その手を弧を描くようにイヌの口もとから頭の上にもっていきます。イヌがお座りをするのと同時に、手の中のおやつを与えます。これでイヌは、①下から上への手の動き（きっかけ）→②座る→③おやつがもらえる（いいことがあった）、という3ステップを通して「お座り」を学習します。

すでに「お座り」という言葉でお座りができるイヌなら、「お座り」という言葉と同時に手を下から上へ動かしてみてください。するとイヌは、「お座り」という言葉と手の動きを関連付けます。そして、手を下から上に上げるとお座りするようになるのです。

※イヌ自身やその周りで起こる反応。

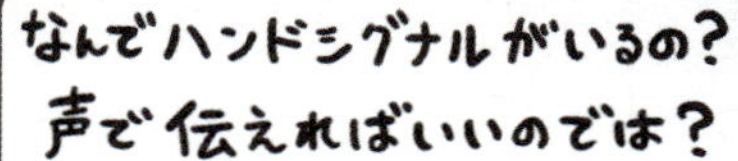
なんでハンドシグナルがいるの？
声で伝えればいいのでは？

メリットの1つは、イヌが騒がしいドッグランや離れた場所にいても指示を伝えられる点です
もう1つは年を取って耳が悪くなっても指示を伝えられる点です
なるほど…って
アンタは
なにしてんの!!
ま、こっちを見ていない場合はダメですけど…

イヌのアトピー性皮膚炎とは？

桑原正人（日本大学生物資源科学部獣医学科　准教授）

現代社会では10匹に1匹のイヌがアトピー性皮膚炎といわれています。アトピー性皮膚炎の症状は、乾燥肌によるかゆみです。そのため、イヌは自身の体をなめたり、引っ掻いたりして、毛が抜けたり、皮膚が赤くなってしまったりします。脂漏性湿疹（皮膚が油っぽくなる皮膚炎）を併発したり、表在性膿皮症（細菌の感染で皮膚がジュクジュクした状態になること）の場合は、乾燥肌が隠された症状となるので注意が必要です。

最近、アトピー性皮膚炎は、人と同様、**フィラグリンという保湿遺伝子がない（欠損）ことが原因**であることが明らかになりました。この欠損により乾燥肌になってしまうのです。これにより、免疫がアレルゲン（抗原：体が反応する異物のこと）に対して過度に働いてしまい、かゆみが発生するのです。アレルゲンは、私たちの身の回りにあふれている、花粉、ハウスダスト、カビ、ダニやノミなどです。アトピー性皮膚炎がよく見られる犬種は、柴犬、シーズー、フレンチブルドッグなどですが、前述したフィラグリン欠損で皮膚の弱いイヌにはよく起こります。

アトピー性皮膚炎の治療法は、ステロイド剤に頼らない**アトピーステップ療法**などの免疫療法、免疫抑制剤の使用、塗り薬としてはプロトピック軟膏などが使われます。最近はイヌフィラグリンを増やす薬剤（サプリメント）が注目されています。あまりにも愛犬が体をかゆがるようなら、まずはイヌフィラグリン検査でアトピー性皮膚炎かどうか調べるのが大切です。さらに免疫の働きを担うヘルパーT細胞（Th細胞）のTh検査を受診し、主治医の先生としっかりとした治療方針を立てましょう。

※桑原正人先生は2014年9月にご逝去されました。心より哀悼の意を捧げます。

第2章

イヌの表情を正しく読み取る

イヌは歯をむき出しにしているからといって、怒っているとは限りません。あくびしたからといって、眠いとは限りません。イヌの表情の本当の意味を知ったうえで、じっくり観察すると、イヌの気持ちが手にとるようにわかります。

13 カーミング・シグナルってなに？

カーミング・シグナルという言葉を聞いたことはあるでしょうか？　野生のオオカミ同士は、争いになりそうなとき、カットオフ・シグナルと呼ばれる表情や行動をとります。英語のcut offには「止める、中断する」という意味があります。野生のオオカミ同士は、このカットオフ・シグナルを利用することで攻撃を中止し、生存を脅かすような致命的なケガを負うことなく、深刻な争いが起こりそうな状況を脱することができるのです。

イヌもオオカミのカットオフ・シグナルと似た表情や行動をとります。しかしこれらは、オオカミが争いを避けるために使う、「止める、中断する」という意味を含むカットオフ・シグナルというよりも、「予防」のために使われます。

そのため、現在も国際的にイヌのトレーナーとして活躍しているトゥーリッド・ルーガスにより、カーミング・シグナルと呼ばれるようになりました。

オオカミよりも社会性にすぐれているイヌは、争いが起こりそうな状況のときだけでなく、自分自身が不安やストレスを感じているときや、興奮する相手を落ち着かせたいときや、状況の悪化を防ぎたいときに、カーミング・シグナルを使います。つまりカーミング・シグナルは、イヌからあなたへのメッセージ。楽しくお座りのトレーニングをするはずが、飼い主が「お座り！　お座り！」と興奮してしまうと、イヌは「困ったなぁ……」と思ってしまいます。イヌのカーミング・シグナルや表情に私たちが気付くことで、愛犬の気持ちがわかり、イヌも自分の気持ちをわかってくれる飼い主であれば、よりよい関係を築くことができるでしょ

イヌのカーミング・シグナルに注目してください。ちょっと困ってますね。
イヌの気持ちを考えながら、楽しくトレーニングしましょう

カーミング・シグナル その1

☑ 鼻をなめる

緊張。自分を落ち着けようとしている

☑ 地面のにおいを嗅ぐ

興奮・不安を抑制
自分を落ち着かせている

☑ 耳の後ろ(体)を掻く

緊張をやわらげようとしている

☑ 目を細める、まばたきする ☑ 体や顔を背ける

相手に敵意がないことを伝える

☑ 体をブルブルさせる

緊張をほぐしている

☑ 興奮状態の個体（イヌ）の間に割って入る

相手の気持ちを落ち着かせている

14 なぜ叱られているときにあくびをする？

いたずらをした愛犬を叱っていると、あくびをしたり、くるりと後ろを向いて、どこ吹く風だったりします。「その態度はなんだ！」「叱っている最中にあくびをしだすなんて、ナメているのか！」と、ますます怒りだす飼い主は多いものです。

でも、このあくびは別に飼い主をナメているからではありません。あくびは「困ったなあ」「まあまあ、落ち着いて」のサインです。イヌが叱られているときにあくびをするのは、退屈だったり、眠いからではなく、興奮している相手を前に、少し怖かったり、不安な気持ちでいるからです。イヌは、**あくびをすることで、相手の気持ちを落ち着かせようとする**のです。

たとえば、いたずらをしてカンカンに怒っている飼い主を前にして、「困ったなぁ。どうしよう……」と思っている状況や、何度も「伏せ！　伏せ！」とコマンドをだされて「ちょっと落ち着いて～」という状況でよく見られます。もちろん、あくびは、遊びが白熱しすぎた場合など、イヌ同士のコミュニケーションの中でも見られます。

イヌが相手の気持ちを落ち着かせようとする行動は、ほかにもあります。たとえば、興奮状態の相手の間に割って入ったり、相手からクルリと体をそむけたりすることで、**争いを避けたり、相手の気持ちを落ち着かせよう**とします。イヌはとても平和主義なのです。

もしあなたが、いまにも飛びかかってきそうなイヌにでくわしたら、あくびをしたり、クルッと背中を向けることで、相手のイヌを少し落ち着かせることができるでしょう。

怒っているのにあくびするなんて！
いい根性してるわね！
くわ〜

あくびは
カーミング・シグナルです。
もちろん眠いときにも
あくびをしますが、
この場合は
「落ち着いて」の
意味ですね
先生、眠いから
なんですか？

相手に落ち着いて
ほしいときのカーミング・
シグナルは、ほかにも
2つあります
体を
背ける
間に割って
入る
………って、
やっぱりいまのは
眠いからかい!!
zzz

なぜ自分の鼻をペロペロなめるの？

イヌが、自分の鼻をペロッとなめるしぐさに気が付いたことがありますか？　このしぐさもカーミング・シグナルの1つです。

子供や馴染みのない人が、無理矢理イヌをだっこしようとしたり、見知らぬイヌがまっすぐ近づいてきたりしたとき、イヌはペロッと自分の鼻をなめます。イヌはこのような状況では緊張や不安を感じるので、自分の鼻をなめることで、**自分の気持ちを落ち着かせようとしている**のです。また、シャンプーしてもらっているときや、飼い主に叱られている最中、ちょっぴり怖くて緊張している状況でも、鼻ペロは見られます。

鼻をペロッとなめるしぐさを見た飼い主が「かわいい！」とおやつを与えたりすると「鼻をペロッとなめる」→「おやつ」と学習してしまうこともあります。それまでは、イヌがおやつを前にして、ワクワク、ドキドキの緊張を感じ、鼻をペロッとなめて自分を落ち着かせようとしていたのが、「鼻をペロッとなめる」→「おやつがもらえる」と学習してしまったので、やたらと自分の鼻をペロペロしだすというわけです。

また、通常、健康なイヌの鼻は、寝起きや病気の場合を除いて、ぬれています。もちろん人とは異なり、風邪を引いて鼻水をたらしているわけではありません。イヌと暮らしている人ならば、イヌが空気中をクンクン嗅いでいるのを見たことがあると思います。**ぬれた鼻は風向きを感じて、においのする方向を察知する役目も担っている**のです。嗅覚がすぐれている犬種は、獲物のにおいを追跡して狩りをするセント・ハウンド（ビーグル犬、バセットハウンド）、なかでもブラッドハウンドの嗅覚はピカイチです。

人は照れくさいときや、決まりが悪いときなどに
舌をペロッとだすことがあります

イヌの鼻ペロは興奮しすぎているときや不安を
感じているとき、気持ちを落ち着かせるために
よく行われます
たとえば、子供や知らない人に無理矢理だっこされた
ときや、いきなり知らないイヌが接近して緊張した
ときなどです

かわい～
ペろっ
……これは
「鼻ペロ→おやつ」と
学習してしまった例ですね

叱ったら泣いたんだけど猛省してるの？

イヌがいたずらしたので、飼い主が叱っていたら、ポロリと涙をこぼしました。イヌも人と同じように悲しいと涙を流すのでしょうか？　もちろんイヌにも、「悲しい」という感情はあります。飼い主と離ればなれになってしまったり、一緒に暮らしていた同居犬が亡くなったりすれば、イヌも人と同様、悲しみを感じます。

しかし、イヌは悲しいからといって涙は流しません。このケースでは、飼い主さんに怒られて緊張したイヌが、まばたきをせずにいたため、涙がポロリとでてしまったのでしょう。人も、まばたきをせずに、ずっと目を開けっぱなしにしていると涙がでますよね。イヌも、緊張するとまばたきの回数が減ります※。その結果、目が乾くのを防ぐために涙がでてしまったのでしょう。

また、目にゴミが入ると、涙をだして目からゴミを押しだすこともあります。つまり、**悲しいから涙を流すというわけではなく、生理現象の1つだった**のです。

特に目が前方に比較的突出しているチワワやパグは、ほかの犬種よりも、この意味で「泣き虫」なようです。

ただ、涙の量が増えたり、涙を流している状態が続くようであれば、角膜が炎症を起こしていたり、アレルギーや病気の場合もあるため、動物病院で相談してみましょう。

なお、イヌが悲しいときは、クンクン鳴いたり（一時的なもの）、ごはんを食べなくなったり、遊ばなくなったり、常になにかに怯えるように不安なようすになったりします。長期的なものは、**沈鬱状態**（ちんうつ）と呼ばれるものです。

※イヌは、怒られたり攻撃的なイヌに会ったとき、緊張してまばたきが増える場合もある。これは、まばたきをすることにより、視線が合うのを避けるため。文中とは逆だが、これもよくあるカーミング・シグナルの1つ。

ガミ
ガミ
はっ

ちょっと待った!!
イヌが涙を流したとしても、それは悲しいからではありません
ごめんね、ガミガミ言いすぎたね〜

おそらく、怒られているときに緊張しすぎてまばたきするのを忘れ、涙がでてきただけです。生理現象ですね…

う、嘘泣きか〜
う〜ん、だます気は別にないから嘘泣きではないですよ

17 うちのイヌが笑ったように見えるんだけど？

人は、誰かがおもしろい冗談を言ったり、楽しいことがあると笑うことができます。イヌにも「楽しい」「うれしい」という感情はあります。しかし、人と同じようなユーモアのセンスはなく、おもしろい出来事があったときに笑うわけではありません。

イヌが、大好きな人に会ったときや、イヌ同士で遊んでいるときの表情を観察すると、**耳は後ろに倒れ、口もとが緩やかに開き、まるで笑っているように見えます**。そして、このときの穏やかなイヌの目もとも、笑いを象徴しているようです。

イヌは、敵意がないことを表すため、相手の目をまっすぐに見つめません。目をそらしたり、細めたり、まばたきをしたりして友好のシグナルを送ります。これらの目の動きにより、イヌはやさしく穏やかな表情になります。そう、まるで笑っているかのように。

また、イヌは大げさな服従のボディランゲージとして、オオカミ同様、**服従の笑顔（submissive grin）**を見せることがあります。このときは、唇を引き上げ、前歯と犬歯を見せます。歯がむきだしになるため、攻撃の表情と間違えられがちですが、頭を下げて高い声で鳴いたり、目を細めたり、明らかな服従体勢がともないます。

この服従の笑顔は、初対面の人やイヌ同士が出会った際に見られます。一見、怒っているのかと思われがちですが正反対で、服従の笑顔を振りまいているイヌは、うれしい気持ちでいっぱいなのです。とっておきの素敵な笑顔でお出迎えしているつもりなのですね。

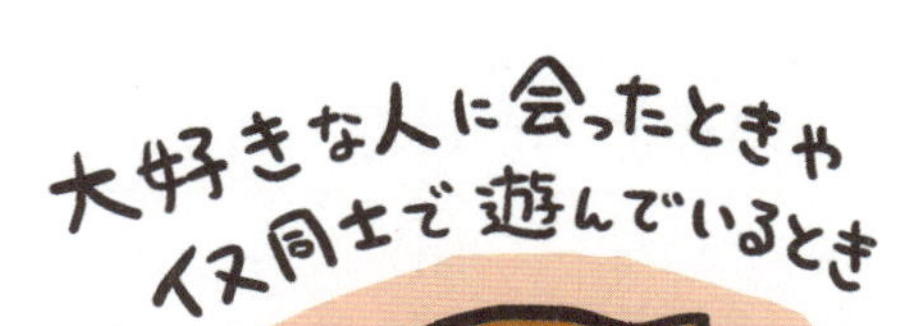
大好きな人に会ったときや
イヌ同士で遊んでいるとき

服従の笑顔

服従の笑顔をするダルメシアン。上の歯茎が見えるほど上唇をカールさせ、前歯と犬歯を見せているが、敵意はない

歯をむきだしにするのは怒っているときだけ？

イヌは、自分のテリトリーに入られたり、お気に入りのおもちゃをとられそうになったりすると、怒ることもあります。「攻撃するぞ」と、歯をむきだして、**積極的な攻撃体勢**に入ることでしょう。しかし、イヌが歯をむきだすのは、怒っているときだけではありません。

たとえば、見知らぬ人やイヌが近づいてきたとき、怖がりなイヌは、自分の身を守ろうと歯をむきだして**防御の攻撃体勢**に入ります。積極的な攻撃行動も、防御の攻撃行動も、歯をむきだしにしますが、口の開き方や歯の見え方が異なります。

イヌが怒っているときや積極的な攻撃体勢にあるとき、イヌの唇はめくれ上がり、鼻にシワが寄ります。「歯がむきだし」といっても唇を縦に引き上げるため、口はC字型になり、前側の歯が露出した状態になります。

反対に、イヌがおびえていたり、自分の身を守ろうと防御の攻撃体勢にあるときは唇を後ろに引くため、前側だけでなく、横の歯も露出します。

このように「歯をむきだし」といっても、**前側の歯がむきだしなのか、前側も横側の歯もむきだしなのかによって、イヌの気持ちが異なる**ことに注意が必要です。このとき、イヌの耳の傾き加減も要注意です。積極的な攻撃行動をとるイヌの耳は前向きに、防御の攻撃行動をとるイヌの耳は後ろ向きになっています。

また、怒っているわけでもおびえているわけでもなく、**服従の笑顔**（前項参照）の際にも、イヌは歯をむきだしにすることがあります。

イヌの攻撃体勢には
2種類あります

1つは積極的な
攻撃体勢です。
もう1つは防御の
攻撃体勢です

似ていますが、よく見ると違う点が
たくさんあります

19 叱ると反省したように見えるんだけど……

イヌが排泄に失敗したとき、飼い主に咬みついたとき、いたずらでスリッパをかじり、グチャグチャにしてしまったとき……あなたはイヌを叱るでしょう。このときイヌは、とてもすまなさそうな顔をして、反省しているように見えます。はたしてイヌは本当に反省しているのでしょうか？

叱られているときのイヌの表情を見てみましょう。イヌはあなたから顔を背け、目をそらしたり、上目づかいになったりするため白目が見えます。

また、イヌの瞳孔が開いて白目が見えることもありますが、これは反省ではなく、恐れや不安を感じているときです。「どうしよう……」とか「弱ったなあ……」といった状況で、こういった表情が見られます。つまり、イヌは叱られていることはわかっているのです。

とはいえ、イヌは「この行動がまずかったのか……！　じゃあ次からは、この行動をやめて正しい行動をしよう」というように振り返って考える反省はできません。**イヌの困った行動は、その瞬間を見つけ、すかさず正しい行動を学習させることで初めて改善される**のです。

イヌが、大好きなおもちゃやガムをもっているとき、白目が見えて三日月型になっていることがあります。このとき、目の端であなたをとらえ、動きを止めたまま、唸り声を発していたら、これは攻撃一歩手前の視線、警告です。「怖がらなくてもだいじょうぶよ～」などと気軽に手を伸ばそうものなら、大切なおもちゃをとられてはならないと、ガブリときますので要注意です。

これだとイヌは「怒られていること」は
わかりますが、なにが正しい行動なのかは
わからないですね…

数日後…

20 リラックスしているときの表情は？

リラックスしているイヌの表情は穏やかで、緊張せず、よけいな力も入っていません。目もとは穏やかで、口もとの筋肉は緩み、口を閉じているか、少し開いている状態です。耳は穏やかに立ち、尻尾も高すぎず、低すぎずの位置に垂れています。

しかし、なかには「うちの子ときたら、いつもチャカチャカと動き回っていて、リラックスした表情なんて見たことがない」という飼い主もいます。そんな飼い主は、愛犬に**リラックスする場所を与えていない場合がほとんど**です。イヌにはそんな場所が不可欠です。たとえば、部屋の隅やソファの横など、静かな場所にケージを置いたり、イヌのお気に入りのベッドや毛布を敷いてあげます。静かで落ち着ける場所ができると、イヌは次第にその場所をお気に入りのリラックススペースにするでしょう。

イヌにリラックスを教えることもできます。イヌ用のマットを用意し、そこで伏せの練習をします。**伏せは胸が地面に付くことで、イヌが落ち着きやすい体勢**です。次第に伏せをする時間を延ばしていきます。おとなしくその場で寝ているようでしたら、そっとおやつをあげるのもよいでしょう。

次に「リラックス」と言って、イヌがマットの上に行き、伏せをするように誘導します。最終的には、「リラックス」という言葉と「伏せをして落ち着く」ということが関連付き、イヌは自然にリラックスできるようになります。来客時に大興奮するイヌをあわててケージに閉じ込める必要もありません。イヌ好きの来客を迎えた後、「リラックス」と言えば、イヌは自分でマットまで行って落ち着きます。

①まずはマットの上で
伏せの練習をします

②「リラックス」といって
いろんな場所から
マットの上で伏せを
させます

おとなしく伏せをしたら
おやつやおもちゃをあげます

さらにマットの上で寝ている
ときにもおやつをあげます

「マットの上で寝る
＝いいことがある!」
と覚えさせるのです♪

※いつもリラックスするために使っているマットを、出先のドッグカフェやイヌも泊まれるホテルにもって行けば、イヌは見知らぬ場所でも落ち着ける。

意外に多いイヌのホルモンの病気

北中千昭（セナ動物病院　院長）

「うちの子、7歳になったんだけど、最近寝てばかりで遊ばなくなったし、中年太りなのか体重も増えてきたし、毛づやも悪くなったし……これって年のせい？」

日々の診療のなかで、飼い主からこんな質問を受けることがあります。当院ではこのようなイヌに、まず一般身体検査を実施、尿検査や血液検査などの全身スクリーニング検査を行います。それらの検査の結果、「肥満傾向」「対称性脱毛（体の左右対称に毛が薄くなること）」「被毛粗剛（毛づやが悪く、毛が硬い）」「ラットテイル（尻尾の毛が薄く、地肌が見えている状態）」「全身性脂漏（全身が脂っぽい）」「高コレステロール血症」などが認められた場合は、さらに甲状腺ホルモンの測定をお勧めしています。甲状腺ホルモンの測定で基準値よりも低い値だった場合は**甲状腺機能低下症**という病気を疑います。

甲状腺機能低下症のイヌの治療はとてもシンプルです。イヌの体重に合わせて甲状腺ホルモン製剤を投与していきます。薬がうまく合うと驚くほど動きが活発になったり、毛づやがよくなったりします。ただし定期的な血中甲状腺ホルモン濃度の測定が必要で、生涯にわたって投薬が必要になります。また、甲状腺ホルモン製剤を与えすぎてしまうと、甲状腺機能亢進症（中毒）の状態になることがあるので注意が必要です。

なお偽甲状腺機能低下症といって、さまざまな全身性疾患や、ある種の薬物によって甲状腺機能が低下している状態もあります。この場合はその基礎疾患を治療することで、甲状腺の機能が回復することがあります。

イヌの不思議な行動に迫る

イヌは電柱のにおいを嗅いだり、片脚を上げておしっこをしたり、穴を掘ったり、人には理解できない不思議な行動をたくさんします。これらの行動の裏に隠された意味を知ると、イヌの訴えていることがわかります。

イヌはどうして遠吠えをするの？

イヌが上を向き、目を細めてワォ～ン。どうやら吠えているのとは違うみたい……。これが、噂に聞く**遠吠え**？　でもどうして遠吠えをするのでしょうか？

野生のオオカミは、数種類の遠吠えを**コミュニケーション手段**として用いてきました。オオカミの遠吠えには、警告、繁殖、お互いの位置確認、仲間の招集、喜びの表現など、数種類の役割があるといわれています。この名残は、現在のイヌにもあるようです。

近所で1匹のイヌが遠吠えしだしたら、周りのイヌもいっせいに吠えだす現象があります。オオカミの名残で「自分の居場所はここだよ」と呼応し合っているようです。

イヌの遠吠えはイヌ同士だけでなく、**人ともコミュニケーションをとる手段**として使われます。そのため、イヌを残して家を出ると、寂しそうに遠吠えをすることもあります。これは、私たち飼い主がいなくなって「寂しいよ！」と呼んでいるのです。

救急車や消防車のサイレンや、ハーモニカやピアノといった楽器、家電の電子音（お風呂が沸いたときの音など）に反応して遠吠えするイヌもいます。よく「うちのイヌは楽器に合わせて歌うのよ」と言う飼い主がいますが、これも遠吠えをしているのです。オオカミに似ているハスキーや、群れで狩りをするハウンド種は、ほかの犬種よりも遠吠えをしがちなようです。

なお、あまりに繰り返される遠吠えから、1匹で留守番ができない**分離関連障害**であることが発覚する場合もあります。このような場合は、動画を録画するなどして専門家に相談してください。

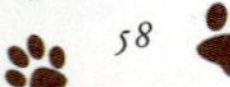

イヌの遠吠えには
いろいろな意味がありますー
1 位置確認
おーい
みんな
どこだー?
ここだよ~
ウォーーン
2 喜び、祝い
狩りだ!!
狩りだ
ウォ~ン
3 仲間の招集
集まれーー
みんなきたよー
ウォーーン
4 警告
怪しいやつがいるぞーー
ウォ~ン
5 繁殖
ここにイケメンがいますよーー
ウォーーン

このコミュニケーションとしての
遠吠えは、人に対して
用いられることもあります

飼い主外出中
ウォーン
ボクはここだよ。
寂しいよ

遠吠えをほめられた夜
ウォーン
喜んでくれたから、
またやろう♪
よしよし

なお、サイレンや楽器などが出す音の周波数に
合わせて遠吠えするとも言われていますが
正確な理由はまだ不明です

遠吠えをするイヌ。救急車が鳴らすサイレンや、お風呂が沸いたときに鳴る電子音のほか、時刻を知らせる放送などに反応することもある

遠吠えは群れで狩りをするアラスカンマラミュートやシベリアンハスキー、その他のハウンド系でよく観察される。写真はアラスカンマラミュート

イヌはなんで仰向けになることがあるの？

イヌが仰向けになって、おなかを見せるポーズを取ることがあります。これは服従の合図だけではなく、ほかにも意味があります。そもそも、どうしてあんなおかしなポーズを取るのでしょうか？

仰向けになっておなかを見せる体勢は、**子イヌが母イヌに排泄を促される際に取る体勢**です。子イヌは、生後2〜3週間ごろまでは、自分で排尿や排泄ができません。そのため、母イヌは子イヌをなめて毛づくろいする際に、排泄を促します。このとき子イヌは、仰向けになって母イヌに肛門や尿道付近をなめてもらいます。

また、子イヌのころは、いたずらがすぎると母犬が軽く叱り、子イヌは「ごめんなさい」の意味でこのポーズを取ります。これは、支配や服従という関係性を表すのではなく、「もうしないよ……」といった**妥協**を表しています。大人になると、争いになりそうな状況や不安を感じたとき、危険な状況で、子イヌのようなそぶりをすることにより、危険を回避することがあります。そのため、子供のようなふるまいをし、「争う気はないよ」の意味でこの体勢を取ることもありますが、前述のようにほかにも意味があるのです。

安心できる存在の母イヌに、仰向けになって体をなめてもらい排泄を促してもらう——これは、子イヌにとって、とても心地よいことです。心地よい経験は大人になっても当然、忘れません。信頼できる飼い主や大好きな人に、**仰向けになって体をなでてもらうと、まるで母イヌに体をなめて毛づくろいをしてもらっているよう**に感じます。仰向けになっておなかを見せるのは、母イヌのように大好きな人に示す行動でもあるのです。このとき、子イヌのころの癖で思わず排泄してしまうこともあります。

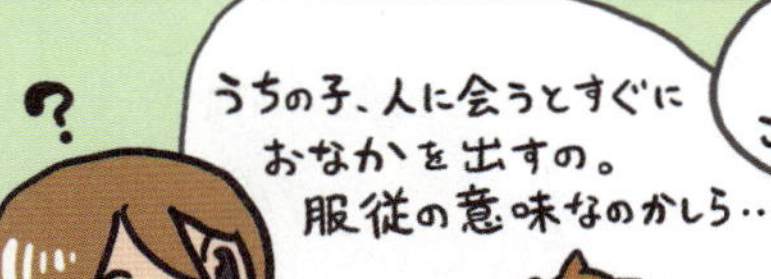
?
うちの子、人に会うとすぐにおなかを出すの。服従の意味なのかしら…

それは子イヌのころの名残です

子イヌは自分でうまく排泄できないので母イヌになめてもらいます。これは子イヌにとってとても気持ちがいいもので、大人になって自分で排泄できるようになっても忘れません

ですから、子イヌのころの名残で、飼い主になでてほしいとき、仰向けになるのです

!!

飼い主がおなかをなでると条件反射でおしっこをしてしまう大人のイヌもいますよー

また、学習によって
おなかを見せるイヌも
います

うちの子、
怒られそうになると
すぐおなかを見せるんです
それは過去に
「怒られそうなときにおなかを
見せたら、怒られなかった」
という経験を持っているからでしょう

そ、そういえば
そんなこともあったような…
カワイイ!!
許す!!

おなかを見せて寝転がるイヌ。飼い主になでて欲しいときに見せる姿だが、怒られるのを避けるためにおなかを見せるケースもある

イヌは服従すると絶対に言うことを聞くの？

イヌの場合、**服従**は相手の言いなりになる、ということではありません。もともと服従と呼ばれる行動は、争いになるかもしれない状況で、争いを避けるために、「あなたと争う気はありませんよ」という意を伝えるためにとる行動です。こうしてイヌは余計な争いを避け、自分の身を守り、進化してきました。

イヌの服従には2種類あります。1つは、**能動的な服従**です。自ら進んで積極的に行う服従のことです。体を低くし、耳を伏せて相手のもとに近寄ります。相手の口もとや自分の鼻をなめることもあります。「そんなに怒らないで」とか「落ち着いて」という意味です。飼い主に怒られたときだけでなく大好きな人に会ったときにも、服従というより親和行動として行う行動でもあります。

もう1つは、**受動的な服従**です。逃げ場のない状況で、恐怖心から行う服従です。おなかをさらけだし、相手から目をそむけ、尻尾は足の間に巻き込まれています。「ごめんなさい」の意味です。恐怖の度合いが高まると、おしっこしてしまうこともあります。

なお、服従しているからといって、あなたの言うことをなんでも聞くとは限りません。服従は**「争う気はない」というアピール**です。いたずらして叱られたときに、「怒らないで。争う気はないよ」と伝えています。でもそれは「いたずらをした状況」でのこと。その場で服従したからといって、次からいたずらしなくなったり、飼い主の言うことをなんでも聞くようになるわけではありません。

むしろ、怖がりなイヌの場合、無理矢理に服従させると、飼い主を恐れて信頼関係が崩れてしまうこともあります。服従させることより、信頼関係を築き、正しい行動を教えましょう。

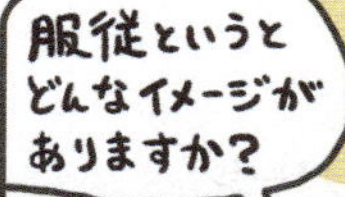
服従というとどんなイメージがありますか？

うーん、昔の軍隊の上官と部下の関係…ですかね？

確かに人の世界ではそんなイメージですかね

安全第一!!
でもイヌの世界の服従は「争いを避けてケガを避ける」という意味があるんです

イヌの世界の服従には「能動的服従」と「受動的服従」の2種類があります

体勢に注意!!

能動的服従

受動的服従

でも夜の新橋あたりでは
人も同じようなものかもしれませんね

無駄な争いを避けるため、オオカミも服従のアピールをする。左のオオカミは耳が後ろに傾いており、争う気がないことを示している

能動的な服従は、イヌが大好きな人に会ったときの親和行動としても見られる

24 なぜ赤ちゃんや子供に吠えるの？

少し怖がりなイヌや小型犬は、人の赤ちゃんや子供が苦手です。なぜなら、赤ちゃんや子供の動きは、イヌにとって予測不可能だからです。イヌはどのように接していいのか、とまどってしまうのです。

赤ちゃんや子供は、高い声を上げて急に笑いだしたり、手足をバタバタさせたり、動いたりします。なにか行動する前には、ボディランゲージを使うイヌにとって、**予測不可能な急な動きに驚いてしまう**のです。

まして、手加減なしに顔や尻尾を、もみくちゃにされたらかないません。イヌは、一度子供を嫌な存在と学習してしまうと、子供全部を嫌な存在としてしまうので、子供嫌いになってしまうのです。これは**般化**（はんか）といいます。

しかし、イヌの中には、よきベビーシッターになることができる犬種もいます。母性本能が強いメスイヌや、ゴールデンレトリバー、ラブラドールは、子供にも比較的寛容に接することができます。

子イヌの社会化の時期に、子供と接して一緒に遊んだりすることで、「子供＝楽しい存在（楽しいことが起きる）」と学習させておくと、子供が大好きなイヌになるでしょう。

子供と接する機会がなかった子供嫌いの成犬でも、大人の管理のもとで子供の手からおやつを与えたり、飼い主が子供のいる場所でイヌと遊んであげることで、「子供と一緒にいること」と「楽しいことが起きること」を関連付けるようになり、子供嫌いを克服することができます。これは**拮抗条件付け**（きっこうじょうけんづけ）といいます。

うちの子、子供が
嫌いなのよねー。
なんでかしら？かわいいのに

ではイヌの気持ちに
なって考えてみましょう

イヌからすると、
子供は4つの点で
嫌われやすいのです

子供は急に大声をだすから
びっくりする

急に走り出したり
動きが予測できない

手加減を知らないので
もみくちゃにされる

子供に注目が集まり
寂しい思いをする

ではどうすればいいの？

「子供の登場＝嫌なことがある」
ではなく
「子供の登場＝いいことがある」
と学習させればいいのです

たとえばイヌが子供と遊んでくれたら、
おやつをあげたり、やさしくなでてあげるのです。
これを応用すれば、そのほかの嫌なこと
（雷、工事の音など）も克服できます。
これを拮抗（きっこう）条件付けといいます

飼い主はあらかじめ子供にイヌが嫌がる行動を教えておくとよい。もう子供嫌いになっているイヌには、子供と遊ぶといいことが起こるように関連付けてあげよう

25 なぜテレビが好きなイヌとそうでないイヌがいるの？

イヌの世界は最近まで、白黒だと信じられていました。しかし、イヌの世界にも色はあるようです。イヌの目の網膜には、明るいところで色を感じる**錐状体細胞**（すいじょうたいさいぼう）と、暗いところで明暗を感じる**桿状体細胞**（かんじょうたいさいぼう）という2種類の**視細胞**があります。

錐状体細胞は、人には3種類ありますが、イヌには2種類しかありません。細胞の量は、人の10分の1ほどしかないといわれているため、人ほど色を正確に識別することはできませんが、カリフォルニア大学サンタバーバラ校、ジェイ・ナイツ氏の研究では、イヌは「オレンジ、黄、緑」を黄色っぽく、「青、紫」を青色として、青緑は灰色として識別しているといわれています。そのため、よくある真っ赤なイヌのおもちゃは、イヌにとっては茶色っぽい灰色をしていて見えにくいのです。

逆に、イヌは桿状体細胞を人の8倍も持っているといわれており、暗闇では人よりもよく目が見えます。暗闇で狩りをするイヌにとって、色の識別よりも暗闇で目が見えるほうが重要だったからかもしれませんね。

犬種の差はありますが、イヌの視力は私たち人の視力でいうと、約0.3ほどで、さほどよくないといわれています。しかし、動くものを追いかける**動体視力は、私たち人よりもはるかにすぐれています**。そのため、イヌはテレビに映る動きに反応するようです。なかでも、ボールがでてくるサッカーや野球、イヌがでてくる動物番組などは、イヌにとっても興味津々です。

しかし、いくらイヌの吠える声が聞こえてきたり、動いていても、テレビという「箱」の中からでてこないとわかると、テレビを

観ることに興味がなくなるイヌもいます。もちろん、ずっと見続けるテレビ好きのイヌもいるようです。

ここでも、テレビに注目している愛犬の姿を見て、飼い主が「かわいい！　テレビを観てるの？！」と言ったりすると、テレビに注目する→ほめてもらえると学習し、「テレビっ子」になることもあります。

テレビ好きのイヌ。人間ほど細かく色を見分けることはできないようだ

どうしてどこでも穴を掘ろうとするの？

野生だったイヌの祖先にとって、**穴掘りは生存の術**でした。現代の飼い犬のように、決まったときに食べ物が与えられるわけではなかったため、穴を掘って食べ物を保存したり、巣穴に住む動物を捕獲したりしました。

暑いときには穴を掘って、湿った土で体を冷やす術も心得ていました。そのため、現在もその名残が残っているのです。ですから、**イヌが穴を掘るのは本能**です。

ダックスフントは、人気の犬種ですが、どうしてダックスフントの足は短くて、胴が長いか知っていますか？　ダックスフントはもともと、アナグマ狩りで活躍したイヌです。

アナグマの巣を発見し、穴を掘ってアナグマを巣から追いだすことがダックスフントの仕事でした。そのため、ダックスフントには穴掘りの習性が強く残っています。

ダックスフントだけでなく、巣穴に住む小動物の狩りや、害獣駆除のために改良されてきたテリア種にも、穴掘りの習性があります。穴掘りをすることによって本能が満たされるのです。

しかしなかには、なにも刺激がない退屈な暮らしを送っているイヌや、1匹でのお留守番に**ストレスや不安を感じて穴掘りしてしまう**イヌもいます。

飼い主が家に帰ると、じゅうたんや床、ペットシーツなどを掻きむしってボロボロにしていたら、分離不安障害の可能性もあります。もしくは、飼い主がいなくなったことによる欲求不満の解消や、単純にいたずらで行っている場合もあるため、専門家に相談してみましょう。

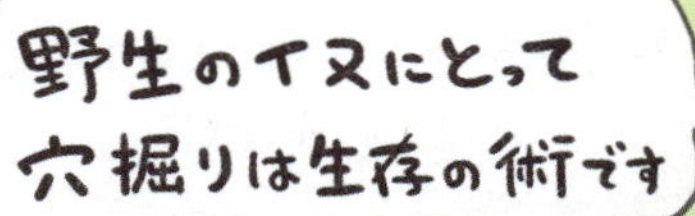
野生のイヌにとって
穴掘りは生存の術です

〜穴を掘る理由〜

ひんやり。

① 暑いときに穴を掘って体を冷やす

② 穴の中にいる獲物を追いだす

③ 捕獲した獲物が腐らないように冷えた土の中に埋める

※シーツをガリガリするのはベッドメイキングの意味もある。

イヌが穴を掘るのは習性なのでおかしなことではないが、あまりにひどい場合は問題行動といえるので原因を探ろう

なぜ自転車や自動車を見ると走りだす？

イヌは、動いているものを追いかけたり、つられて動きだすことがあります。これは、**野生のころの狩りの習性がいまも残っている**からです。特に、なにかが停止状態から急に動きだしたり、動く速度が急に速くなるといった場合は、反射的に反応します。このため、小動物（ネコ、鳩、カラスなど）、自動車や自転車、ジョギング中の人や、はしゃぐ子供たちが、イヌにとっての獲物になってしまうこともあるのです。

また、羊や牛を追いかけるために改良されてきた牧羊犬は「**追いかける**」という行動が**強化**されてきたため、ほかの犬種よりも動くものに反応しがちです。実は、大ヒット映画の『名犬ラッシー』でラッシー役だったコリーも、牧羊犬ならではの、車を追う行動を買われて主役デビューしたという逸話があります。

とはいえ、イヌが急に自動車や自転車を追いかけて、車道に飛びだしたりしては大変です。街をジョギング中の人や、子供などに危害を加えてしまう危険性もあります。イヌがネコや鳩を追いかけようと急に走りだしたため、リードをもっていた飼い主が転んでケガをしたという話もよく聞きます。

子イヌのころからしっかりと、ボールやフリスビーといった追いかけていいものと、自転車や自動車といった追いかけてはいけないものを教えてあげましょう。

特に追いかける習性が、ほかの犬種よりも強い牧羊犬、ボーダー・コリーなどは、フリスビー遊びなどで、しっかりと欲求を満たしてあげないと、**自動車やバイクを追いかけるという問題行動に発展してしまう**ので、注意が必要です。

腕を
骨折してしまいました…
どうしたんですか？

お散歩中、うちの子が急にネコを追いかけたので、リードに引っ張られて転んだんです…

逃げるものを追いかけるのはイヌの本能ですからね…

世の中には「獲物」があふれていますから、子イヌのときに追いかけてはいけないものをしっかり教えておく必要があります

特に追いかける行動が強化されている犬種（ボーダー・コリーなど）もいますから、そういう犬種は特に正しいしつけが必要です

忠犬ハチは本当に「忠犬」だったの？

東京都の渋谷駅には、待ち合わせ場所としても有名な「**忠犬ハチ公**」の像があります。秋田犬のハチは、飼い主だった東京帝国大学教授の上野英三郎氏が学会中に脳溢血で亡くなり、帰らぬ人となってしまった後も、帰ってこない飼い主を、毎日渋谷駅まで迎えに行っていたといいます。

実はこのハチ、有名になる前は、駅員や焼き鳥屋にうとまれたり、いじめられたりする存在でした。そのようすを見て、ハチを哀れに思ったある新聞記者が、忠犬ハチ公として記事にしたことで人気者になり、その後、やさしく接してもらえるようになったのです。

するとここで疑問がわきます。通常、イヌは自分にとってメリットがあると、その行動を繰り返すようになります。これを行動学用語で**強化**といいます。「駅に行く」→「いいことがある」と学習したなら、駅に通い続けるようになります。逆に、嫌なことがあれば、その行動をやめます。当時うとまれたり、いじめられても駅に通っていたということは、有名になるまでずっと、駅に行くことでなにかメリットがあったはずです。

このことから、ハチは主人を迎えに行くために駅に行っていたわけではなく、露店の焼き鳥をお目当てに行っていたという説がありますが、上野教授が電車に乗る、もしくは帰宅する時間帯といった、**屋台が出ない時間帯に駅でハチが見られていた**との話もあります。いまとなっては、真相はハチにしかわかりませんが、「イヌは簡単に恩を忘れない」と、いっていいのではないでしょうか？

露天の焼き鳥がお目当てだった
という説もあります

でも露天が出ない時間にも
通っていたという目撃情報もあります

29 なぜおもちゃをくわえて頭を振るの？

イヌと暮らしている人であれば、イヌが遊んでいるとき、おもちゃをくわえてブルンブルンと頭を左右に振っている姿はおなじみでしょう。どうしてイヌはこんな行動をとるのでしょうか？

イヌが野生で狩りをしていたころ、獲物に咬みついて左右に振る行動は、**相手に致命傷を負わせて殺すため**のものでした。獲物が小動物であれば、脊髄や首の骨を容易に折ることができたからです。そのため現在も、おもちゃ、つまり獲物を口にくわえると、本能として身についている当時の習性がでてしまうのです。

興味深いことに、こういった振り回す行為は、ボールや小さいぬいぐるみよりも、少し大きめのおもちゃのほうによく見られます。イヌのおもちゃには、このようにイヌの本能を刺激する工夫が施されています。キュッキュッと高い音が鳴るおもちゃは、まるで小動物の鳴き声のように、イヌの狩りの本能を刺激します。

それぞれの用途によって改良されてきたイヌには、犬種によって、お気に入りのおもちゃがあります。たとえば、レトリバー（回収人）と名の付くゴールデンレトリバーやラブラドールレトリバーは、狩りで仕留められた鳥や魚を川や海から捕ってくるのが仕事でした。そのためボールが大好きで、**投げられたボールをくわえて回収するボール遊びが得意**です。

小動物の狩猟のために改良されたテリア種は、キューキューと鳴り、小動物を思わせるぬいぐるみなどが好きでしょう。牧羊犬のボーダー・コリーは、狙いを定めて追いかけるフリスビーがお気に入りです。好みは十人（匹）十色ですが、一緒に色々なおもちゃで遊んで、愛犬のお気に入りを見つけて欲しいものです。

うちの子、ぬいぐるみをくわえて
ブンブン振り回すのよ、
なんでかしら…？
ぶん
ぶん

ふふふ、それは、捕獲した獲物の首の骨をへし折って、とどめをさす必要があるからです…
えええ、こ、怖い…

ま、野生の本能ですから
仕方ありませんね
…

なぜうんちやおしっこの後、後肢で砂をかける？

飼い主が、公園などの地面が土や砂の場所を観察すると、引っ掻いたような跡に気が付くことがあると思います。これは、イヌがうんちやおしっこをした後、後肢で足下の砂や土を蹴り飛ばした跡です。でも、どうしてそんなことをするのでしょうか？ほかのイヌに見られると恥ずかしいから、おしっこやうんちを隠しているのでしょうか？

実はこの行動、**マーキング**の一種で、**自分のにおいを広げるためのもの**です。一見、排泄した場所に砂をかけて隠しているように見えますが、正反対です。オスに多く見られますが、まれにメスでも見られます。後肢で足下の砂や土を蹴って砂をかけるとき、イヌの肉球にある汗腺（エクリン腺）の分泌物、もしくは指の間の毛を覆っている皮脂腺から出る分泌物を砂や土にしみ込ませ、拡散させているのです。

地面を引っ掻いた跡は、見た目にもはっきりわかります。こうすることで、**においでも見た目でも、ほかのイヌに自分の存在をアピールできる**のです。

イヌが眠りに就く前に、自分のベッドや床を前肢でガリガリ引っ掻きだすことがあります。これはベッドメイキング。快適な寝床づくりの行動です。イヌは野生時代、当然フカフカのベッドや毛布などありません。雑草が生い茂った場所や土を掘って、快適で外敵から身を隠せる安全な寝床をつくっていたのです。さらに、前肢を使って引っ掻くことで、イヌの肉球の汗腺から出る分泌物でにおいをつけるマーキングの役割も果たしています。野生のころの習性は、いまもイヌに残っているのです。

ザッ
ザッ
隠してるの？お行儀がいいわね
いいえ、分泌物に砂や土を混ぜて自分のにおいをむしろ広げているんです

ほかにイヌがいると、さらに激しく砂や土を蹴ってマーキングすることもあるんですよ
ザザ ザザザ ザ
ギャアー(ﾟДﾟ)ー!!!

なぜ子イヌ同士でマウンティングするの？

マウンティングは、発情期のメスイヌにオスイヌが乗って腰を振る行為です。オスだけがとる性行動というわけではありません。オスにもメスにも見られ、性行動のほかにもさまざまな意味があります。

子イヌは、お互いの遊びのなかでマウンティングすることがあります。これは遊びを通して、将来、正常な性行動ができるように学んだり、優位行動であったりします。マウンティングを通して「ぼくは強いんだぞ」と相手のイヌにアピールします。

相手のイヌはじっとしていることもあれば、「ぼくだって強いぞ」と、お互いにマウンティングし合うこともあります。マウンティングのほかにも、相手の肩に頭や前肢を乗せたりして、強さをアピールすることもあります。

優位行動に攻撃性はありません。イヌ社会の儀式です。人から見るとあまり体裁がよくないので、無理矢理やめさせる飼い主もいますが、子イヌのマウンティングは、イヌ社会の自然な儀式です。よほどおびえていたり、逃げ回っていたりしなければ、イヌの自然な行動と受け入れてようすを見るようにしましょう。

無礼なマウンティング行為には、先輩犬が「ガウ！（無礼者！）」と叱ってくれることもあるため、イヌにとっても学びの場になります。

ところでイヌが、飼い主やお客さんの足にマウンティングして慌てた経験はありませんか？　「これって、自分のほうが偉いって思っているんですよね？」と言う飼い主がいますが、人相手のマウンティングの多くに、そのような意味はありません。

お客さんがきて興奮状態にあるとき、遊んで欲しいのに遊んでもらえないとき、普段から刺激がなくストレスが溜まっているとき、イヌは**興奮や欲求不満を発散させるため**に、マウンティングすることがあります。また、飼い主がマウンティングをおもしろがったり、騒いだりすると、注意を引く方法としてイヌが学習することもあります。

なお、発情期のメスイヌに出会ったり、においを嗅いだりしたとき、思春期のときなどは、人の足やクッションをメスイヌ代わりにしてマウンティングするイヌもいます。交配を考えていない場合は、去勢してあげるといいでしょう。

大丈夫、マウンティング＝性行動というわけではありませんから。正常な性行動の予行演習という感じですね。強さのアピールでもあります

あ、先輩イヌにからんでいる子イヌがいますね。黒帯の柔道選手に子供が挑んでいる感じですね

イヌは、こうやって正常な社会行動を学んでいくのです

マウンティングは常に性行動というわけではない。イヌが興奮したときに行うこともあれば、自分が優位であることを示すために行うこともある。また、オスだけでなくメスもマウンティングすることがある

Sutichak / PIXTA(ピクスタ)

自信があるグレートピレニーズ（右）の挨拶。小さいほうのイヌが行き過ぎた行動を取れば、「バウッ!」っと叱って「教育」してくれることもある

なぜ片脚を上げて電柱におしっこするの？

お散歩に行くと、片脚を上げて電柱におしっこするイヌがいます。いわゆる**マーキング**という行動です。これってなんのためにするのでしょうか？

成熟が早い小型犬のオスでは、早いと生後5カ月ごろから、もしくはそれ以降になると、片脚を上げて排泄するようになります。マーキングはオスだけでなくメス、特に発情期のメスも行います。近年、マーキングはほかのイヌを寄せつけないための縄張り行動というよりも、**自分のにおいでとりまくことにより安心感を得ている**という考えが有力になってきました。

また、マーキングは、社会的な動物であるイヌ同士のコミュニケーション手段です。オスは電柱にかけられたおしっこのにおいを嗅ぐことで、相手のイヌの年齢や状態がわかります。そこに自分のおしっこをかけることで、**自分自身の情報も残せる**のです。発情期のメスは自分の発情期をほかのオスに知らせるための手段として、オスのように脚を上げたり、マーキングをしたりします。自分がオスを受け入れられる状態であることを、おしっこに含まれたフェロモンで知らせるのです。

なお、いままできちんと排泄できていた成犬が、家の中でむやみにマーキングするようになることがあります。これは、イヌが不安やストレスを感じている証拠。

1匹でお留守番している状態のイヌが、不適切な排泄をたくさんしているようであれば、分離関連障害かもしれません。マーキングをただの縄張り行動と決めつけず、愛犬からのSOSに気が付いてください。

でもたまに部屋のソファの脚におしっこするんです。
ほかのイヌはこないのに…

もし頻繁におしっこするようになれば
イヌがなにかストレスを感じているのかもしれま
せんね。飼い主が不在がちだったりすると
よくあります。SOSのサインですから原因を
取り除く必要がありますね

なぜいつも地面のにおいを嗅ぐの？

嗅覚（きゅうかく）はイヌにとって、とても大切なものです。イヌは、自分の身の回りにあるもののにおいを嗅ぐことで、情報を収集するからです。イヌが野生で生活していたころ、嗅覚の鋭さは、獲物のにおいをたどったり、仲間と仲間以外のにおいを嗅ぎ分けたりするために、生存するうえで欠かせない能力でした。

イヌの嗅覚は、私たち人よりも桁違いにすぐれています。嗅覚の鋭さは、物質により異なりますが、汗に含まれている酸を嗅ぎ分ける能力は、人の100万〜1億倍といわれています。警察犬が犯人を追跡できるのも、このすぐれた嗅覚があるからです。嗅覚がよいことで有名なブラッドハウンドは、10日前に残されたにおいからでも、犯人を見つけだせるといわれています。

散歩中にイヌがにおいを嗅ぐのは、地面に残されたにおいを嗅ぎ分けることで、**いつ、どんな人やイヌが通ったか、という情報を収集**しているからです。このにおい嗅ぎの行動は、イヌにとって欠かせない探索行動なのです。いつもの散歩道で嗅ぐ顔見知りのイヌのにおいや、魅惑的なメスイヌのにおいは、イヌをこの上なくワクワクさせます。

イヌは、散歩中以外にも、地面のにおいを嗅ぐことがあります。これは、**カーミング・シグナル**の一種です。

たとえば、イヌが初めて来たドッグ・ランで、目の前にほかのイヌがやって来ているにもかかわらず、一心不乱に地面のにおいを嗅いでいる姿が見られるかもしれません。これは、情報を収集しているだけでなく、はやる心を落ち着かせようと、地面のにおいを嗅いでいるのです。

うちの子、今日はじめて
ドッグ・ランに行くんです

それはいいですね、
いってらっしゃい

さあ着いたわよ!!
たっぷり遊んでらっしゃい!
今日は動画も撮るわ

……

あれ、なんでー…
せっかくデジタルビデオカメラ
買ったのに、画が地味
すぎるわ……Σ(ﾟДﾟ川)

お散歩に行きたがらないイヌがいるのはなぜ？

イヌにとって、生後3～12週齢までは「**社会化期**」といわれ、自分を取り巻く身の回りの環境に慣れる期間です。家から一歩出るとそこは未知の世界。知らない人やイヌ、自動車や自転車、さまざまな物音であふれています。社会化期のイヌは、この未知の世界やものを見たり、触れたりして、怖がる必要がないものであることを学んでいきます。

しかし、社会化期の真っ最中である子イヌのころ家にやってきて、外に出るのを怖がってずっと家にいたイヌや、ワクチンの時期が重なったので家から一歩も出さなかったようなイヌは、社会化経験の機会が少なく、**見慣れないものがたくさんある外を怖がる**ようになってしまいます。ワクチンの時期が重なり、外を歩けなければ、だっこしてお散歩したりして、少しずつ（無理矢理ではなく）外に慣らしてあげましょう。

「うちのイヌ、お散歩に行きたがらないんです……」と言う飼い主がいます。これも多くの場合、社会化の時期に家から出る機会がなかったため外を怖がるようになり、これが悪化して、お散歩にでなくなったのです。散歩時にイヌのようすをうかがいながら、「だいじょうぶ。ほら、怖くないよ」となだめるように話しかける飼い主がいますが、これだとイヌは、オドオドして歩かないでいることをほめられているように感じてしまい、ますます歩かなくなってしまいます。

ですから、飼い主は堂々とした態度で、楽しそうにお散歩にでかけましょう。愛犬も楽しそうなあなたのようすを見て「なんだ。怖がる必要はないのか」とさっそうと歩きだすはずです。

社会化期のうちに本当は怖くないものに慣れておかないと、成犬になってからも怖がります

これはよくありません。
怖くて動かないイヌにやさしく声をかけると、
「怖くて動かない」
＝
「正しいこと」と
思ってしまうのです

飼い主から歩きはじめて、
ちゃんと歩けたらほめるようにします。
そして散歩先で遊んであげたり
大好物をあげれば
「お散歩＝楽しい」とわかります

35 耳の後ろを掻くのは意味があるの？

ほかのイヌに会っても耳の後ろを掻いてばかりで、知らんぷり。「お座り」を必死に教えようとしても、耳の後ろを掻いてばかりで集中してくれない。ノミでもいるのかしら、と思って動物病院へ駆け込んでも異常なし――それもそのはず、耳の後ろを掻くというのは、カーミング・シグナルの1つだからです。

イヌは、見知らぬほかのイヌに会って少し緊張したり、必死にトレーニングしようとする飼い主さんの気迫が少し怖かったり、嫌だったりしたとき、**耳の後ろや体を掻くことで緊張をやわらげようとしている**のです。

このように一時的な緊張や不安を感じて体を掻いたり、震わせたりすることもありますが、慢性的に緊張や不安、ストレスを感じて自分の体や前肢をなめ続けることがあります。**四肢をなめることで不安が緩和し、その行動が強化されてしまう**のです。ドーパミンの影響も手伝い、肉球が真っ赤になっているにもかかわらず、一心不乱になめ続けてしまうこともあります。このような場合は、不安や緊張のもとを解消してあげましょう。

イヌは体が水に濡れると、ブルブルと体を震わせて水を払いますが、濡れてもいないのに、体をブルブルと震わせることがあります。この行動もカーミング・シグナルで、耳の後ろを掻くのと同様、緊張をほぐそうとしているのです。

なお、アメリカンコッカースパニエルやミニチュアダックスフントといった耳が垂れている犬種は、外耳炎のような耳の病気になりやすいので、あまりにも耳を掻いているようだったら、動物病院に行くことをお勧めします。

お座り!!
…お座り!!
ポリ
ポリ

もーっ!なんでお座りを
教えようとすると耳の後ろを掻くの!?
ふふふ、
いまの飼い主さんと
同じですよ
あ。
イヌも人と同じ、
困ったり、緊張したりすると
耳の後ろや体を掻くんです
なるほど!!
ポリ
ポリ

イヌのがんは先手必勝がお勧め

萩森健二（かもがわ動物クリニック　院長）

米国での研究によると、イヌやネコの死因のトップは**がん**です。イヌの場合は約2頭に1頭が、ネコの場合は約3頭に1頭ががんで死亡するといわれています。

これはがんの恐ろしさを物語ると同時に、**現代の動物たちが長生きできている**ことを示しています。がんは人と同じようにイヌやネコの場合も、中高年で発生する確率が高くなるので、愛されて長生きする現代の動物たちは、かかる割合が高くなるのです。

がんは自分自身の増殖をコントロールできなくなり、かつ転移を引き起こす可能性を秘めた細胞のことです。「良性」「悪性」という言葉をよく耳にしますが、良性腫瘍は転移しないもので、悪性腫瘍は転移するものです。後者を一般的にがんと呼びます。

がんが中高年で発生するのであれば、私たちはなにもできないのでしょうか？　いえ、それは違います。

まず、**予防可能ながんに対処することが重要**です。予防可能ながんとは、精巣や卵巣の腫瘍、乳腺腫瘍など、去勢手術や避妊手術で防げるがんです。特に乳腺腫瘍はメスイヌの全腫瘍中、52％を占めるといわれているので、乳腺腫瘍を予防できるのはとてもメリットが大きいのです。

そのほかの予防できないガンは、人と同様、というか、人以上に早期発見・早期治療が求められます。なぜなら、人のがん細胞の倍加時間（細胞が2つに分裂するのにかかる時間）は30日なのですが、イヌのがん細胞の倍加時間は2～7日と短いからです。イヌのがんというやっかいな相手と闘うには、人以上に定期的な検診が必要なのです。

飼い主が感じる素朴な疑問

よく人の真似をするイヌがいます。自分のことをまるで人だと思っているかのような行動をするイヌもいます。ここでは、模倣、自己認識、反抗期など、近年の研究で明らかになってきたイヌの行動を分析してみましょう。

36 イヌにも「反抗期」はあるの？

小型犬は生後約1年で成犬、大型犬は生後約2年で成犬といわれています。人が大人になるまでには、体と心にたくさんの変化が起きますが、イヌにも変化が起きます。人と同じように**反抗期**もあります。

34で述べたようにイヌが自分を取り巻いている環境のなかで、恐れる必要のないものに慣れる時期を**社会化期**と呼びます。生後3週〜12週が社会化期です。そして**社会化と馴化（じゅんか）の時期**と言われる生後18週（約4カ月）齢まで、イヌは周りの環境に柔軟に適応していきます。

しかし、生後4カ月を過ぎたころから、飼い主はいままでと違う愛犬の行動に気が付くかもしれません。たとえば、これまでは名前を呼ぶとまっしぐらに走り寄ってきたのに、最近は呼ばれても知らんぷりで、逆方向に走っていってしまうことも……。飼い主の言うことを無視するようにふるまいます。

実はこの時期は**本能へのはばたき**といわれる時期です。本来、野生で生活していると、生後4カ月を過ぎた時点で、安全な巣穴から外へでて、周りの環境を探検するようになります。ここでさまざまな経験をし、自信につなげていくのです。そのため、この時期の子イヌは飼い主の言うことを聞かず、いままでの無邪気な子イヌ時代から一変し、独立心が芽生えたように思えます。

イヌも一人前になりたがる

そして生後6カ月ごろになると、子イヌに**性成熟**がおとずれます。このころ、子イヌの体にはホルモンバランスの変化が起き、性ホ

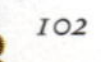

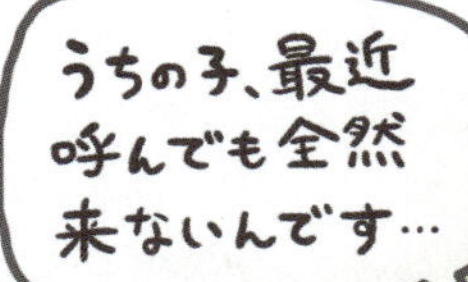
うちの子、最近
呼んでも全然
来ないんです…

それは…
反抗期です

えっ
イヌにもあるの?!
あん?

ルモンの量が増加します。それは体だけでなく、心にも影響を及ぼします。一人前にふるまいたいけれども、まだまだ社会性に乏しく、経験が少ない子イヌは、いままでと異なる態度をとることでしょう。その態度は、人でいういわゆる反抗期と同じなのです。飼い主の言うことを聞かなかったり、嫌なことがあると唸ったり、咬みついたり……。

この反抗期はイヌが1歳前後になるまで続きますが、それまでは愛らしく飼い主の言うことを受け入れていた子イヌの態度が一変し、全然言うことを聞かなくなるので「ついに、自分がいちばん上だと思いだしたか……」と感じてしまう飼い主も少なくありません。しかし、これはあくまでもホルモンの変化が原因で、イヌが増長したわけではないのです。

飼い主がこのころにどう接するかで、今後のイヌとの関係性が変わります。うまく接することができなければ、問題行動を引き起こすこともあるのです。たとえば、言うことを聞かないイヌを押さえつけて、ロール・オーバー（仰向けにして押さえ付ける）やマズル・コントロール（口を抑えること）をすれば、イヌが嫌がって飼い主の手を咬み、咬み癖がついてしまうこともあります。

言うことを聞かないからとイヌを無視すれば絆が壊れ、さらなる問題行動に発展します。実際に、1歳前の反抗期真っ最中のイヌへの対処を誤った飼い主が、私のもとへ問題行動の相談にやってくることも少なくありません。

この時期の子イヌは、無理矢理に力で押さえ込もうとすると関係が悪化します。イヌの態度がいままでと違うからといって焦らず初心に戻り、もう一度しっかり、しつけをしましょう。善悪の区別をはっきりさせることは、とても大切です。飼い主の言うことに従えば楽しいことがある、と学習させればいいのです。

はい、あります。この時期にどう接するかは今後の飼い主さんとの関係に影響するんですよ。マズル・コントロールなどで無理に抑えようとするのは最悪です

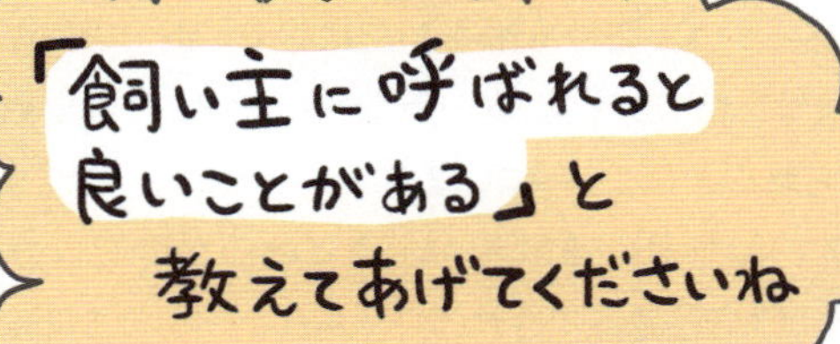

「飼い主に呼ばれると良いことがある」と
教えてあげてくださいね

37 イヌは自分のことを人だと思っている？

あなたの愛犬が、まるで自分自身を人だと思っているかのようなそぶりをするときがあるかもしれません。夕食時、一緒に席に着くとき、布団をかぶって一緒に寝るとき、人は大好きなのにほかのイヌには吠えてしまうとき――このようなとき、イヌは「(私は)人だ(よ)！」と思っているのでしょうか？

自分自身を客観的に見て、判断することができる力を**自己認識力**といいます。自己認識ができるのは、脳が発達している証拠です。

自己認識の有無を確かめる**ミラーテスト**という実験があります。被験者が眠っている間や麻酔をした状態で、おでこに赤いペンで印を付けます。実験室には鏡が用意されていて、目覚めた被験者は鏡を見られるようになっています。

このとき、鏡を見た被験者が、鏡に映った姿を自分自身だと認識できれば(自己認識できれば)、「あれ？　おでこに変なマークが付いているな」と、自分自身のおでこに触れて、確かめるようすが見られるといわれています。なんと、2才前後になるまで、人間の赤ちゃんですら鏡の中の自分を自分自身と認識することができません。

チンパンジーはクリア。イヌは？

チンパンジーは、変な印が付いた自分の姿を鏡で見たとき、自分のおでこを手で触り、このテストをパスしました。イルカも自分の体を、象も自分の長い鼻を、カササギも自分のくちばしを動かして自分の体を確認する個体が現れ、パスしました。

うちの子は、自分を人だと思っている気がします
そういう方は多いのですが、イヌはおそらく自分という存在を意識していません
どういうことですか？

ミラーテストという自己認識を試す実験があります
①麻酔した実験対象のおでこにマークをする
ZZZ
②麻酔から覚めたときに鏡で自分自身を見せます
ふぁ〜
③自己認識があればおでこのマークに気が付いて自分自身を触るはずなのです
!?
なるほどー
その結果は…

しかし、イヌはこのマークテストにパスしていません。あたかもほかのイヌがいるかのように、もしくは無関心なようすが観察されています（もちろん、鏡に映った自分の姿を認識していないというよりも、ただ興味がなかったり、マークが付いていたとしても気にならなかったのかもしれませんが……）。

このように、**イヌは自己認識できない**とされていますが、マネをしたり、社会性に富んでいることから、まるで人のようなようすを見せることがあるのかもしれません。

よって、イヌがほかのイヌと仲よくできないのは、自分のことを人だと思っているからではありません。仲よくできないのは社会化ができていないからです。人は好きだけど、イヌが嫌いなイヌの場合、社会化の時期に、さまざまな人と接する機会はあったけれども、イヌと接する機会がなかったから、ほかのイヌと仲よくできないのです。

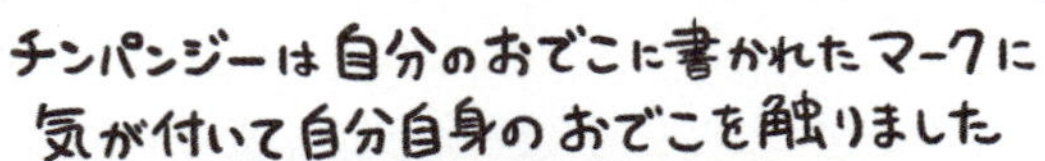
チンパンジーは自分のおでこに書かれたマークに気が付いて自分自身のおでこを触りました

ですから
自己認識がある
と考えられます
イヌは？

イヌはこの実験で自分自身のおでこに触りませんでした。鏡に映った自分の姿を自分自身とは思っていないようです
だれ？
ですから、イヌが自分の
ことを人だと思っている
可能性はかなり
低いでしょう

イヌとサルを仲良くさせることは可能？

お互いに仲が悪いことを「犬猿の仲」といいますが本当にイヌとサルは仲が悪いのでしょうか？　それはともかく、イヌとサルを仲良くさせることはできます。イヌは、ほかの動物と比較しても社会性にすぐれた動物で、ほかの種とも仲良くなることができます。

34や36で述べましたが、イヌの生後3～12週齢は社会化期と呼ばれ、自分を取り巻く環境に慣れる時期です。イヌは、この時期を通して危険なものと、そうでないものを区別できるようになります。

社会化期の中でも生後3～5週間は、すりこみのように、たとえ短時間の接触であっても、イヌは敏感に吸収する時期です。つまり、この社会化期にサルとの接触時間が多ければ、サルに慣れ、サルと仲良しのイヌになります。サルだけでなく、ネコやほかの動物でも同じです。

1972年に発表されたイヌの社会的接触を調べるCairnsとWerboffの実験では、ウサギと接触する機会（24時間以内の簡易的な接触）を設けた4週齢の子イヌは、ウサギと引き離されると鳴いたり、ウサギのいる場所に戻ろうとするようすが観察されました。これは、引き離されると不安やストレスを覚えるほどに、ウサギを仲間だと感じているということです。

このようにイヌは、他種の動物と仲良くなれる柔軟性に富んでいるので、牧畜犬として羊や牛を外敵から守ったり、同じ家でネコと暮らすことも可能なのです。なお、イヌの性格や犬種はさまざまですから、大人になってからでも新しい状況を受け入れやすいイヌもいます。

イヌとサルって
本当に仲良く
できるの？

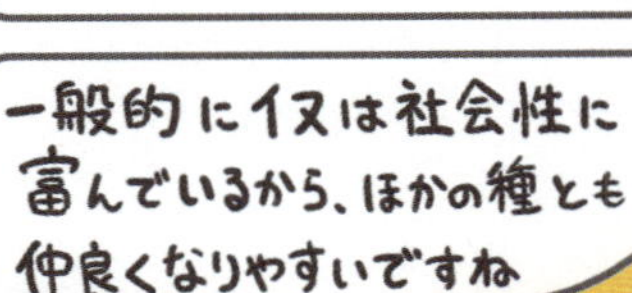
一般的にイヌは社会性に
富んでいるから、ほかの種とも
仲良くなりやすいですね

たしかに人とも
仲良しですからね！

特に社会化期に
接すれば、仲良く
なりやすいです

キャイイイ
ガルルルル!!
…まぁ、人同士でも
相性はありますから…

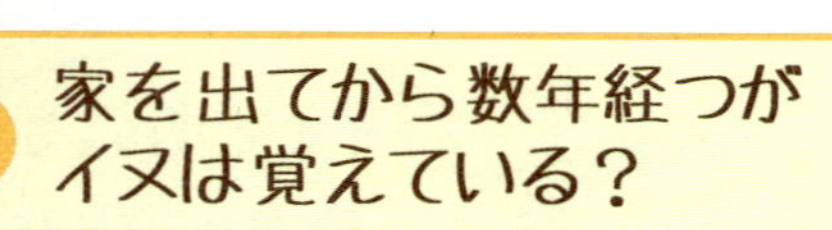

39 家を出てから数年経つがイヌは覚えている？

子イヌのころから一緒に暮らしてきましたが、実家を離れて数年——愛犬は私のことを覚えていてくれるでしょうか？

イヌはきちんと覚えています。イヌは、子イヌのころに経験したにおいを何年も経ったのに覚えていることを証明した実験があります。この実験では、8〜12週齢で母イヌと引き離された後、2年間まったく接触がなくても、母イヌと子イヌはお互いのにおいを認識できたそうです。最長では10年間離れていても、覚えていました。

イヌは、イヌ同士だけでなく、人やブリーダーの手のにおいもよく覚えています。4年間、長いものでは9年間離れていても、イヌは、そのブリーダーのにおいを覚えていました。イヌは、**小さいころに接した大好きな人やイヌのにおいを忘れることはない**のです。

とはいえ、「久しぶりに実家に帰ってきたのに、愛犬の態度がそっけない」ということは往々にしてあります。愛犬は、あなたのことを覚えてはいても、**絆(きずな)まで残っているかどうかは別**だからです。

たとえば、あなたからすれば大学進学や就職のためやむを得ず家を出て行ったのだとしても、そんな理由をイヌが知るわけもありません。イヌからすれば、「あんなにいつも一緒だったのに、あなたはある日突然、家を出て行った」としか思えません。

私のもとに寄せられるもっとも多い問題行動は、飼い主に対する攻撃行動ですが、ほとんどの場合、「そもそも飼い主との絆がはぐくまれていない」「飼い主との絆が壊れてしまった」ことが原因です。

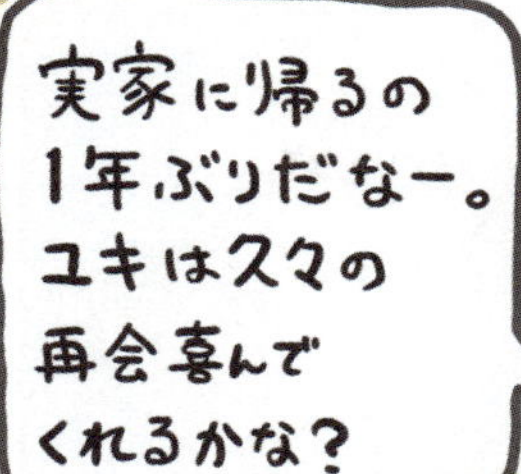
実家に帰るの
1年ぶりだなー。
ユキは久々の
再会喜んで
くれるかな？

あっ!!!
ユキ
ちゃん!!
久々の
ハグして〜

ただいまー

ユキちゃん
ごはん
よ〜〜
クルッ

実家
先生、ユキちゃんは私のことを忘れてしまったの？
ちゃんと覚えてますよ
覚えている≠絆
お座り
もう一度絆をつくりあげて！
1週間後…
せっかく元通り仲良くなれたのに～～。
ユキちゃ～～ん
また戻ってこいよ

離れていてもイヌとの絆を維持したければ、たまに会える機会を最大限に利用してしっかり面倒を見たり、遊んであげたりしよう

40 イヌもシャンプーすると気持ちがいい？

多くの人は熱いシャワーを浴びてシャンプーしているとき、泡を流すとき、「気持ちいい〜」と感じるでしょう。では、イヌもシャンプーされると気持ちいいと感じるのでしょうか？

これは、**水に濡れることに抵抗があるかないかで決まる**ので、イヌの性格によります。また、犬種によって水が好きなタイプと水が嫌いなタイプがいます。

水が好きなタイプは、おもに海や川といった水辺で活躍するために改良されてきた犬種です。たとえば、海で漁師の作業を助けるために改良され、現在も海難救助犬として活躍しているニューファンドランドは水が大好きです。そのため、水に濡れることを気にするようすもなく、シャンプーされてもへっちゃらです。

ところが、水に濡れることを嫌がる犬種はシャンプーが大嫌い。とてもリラックスなんてできません。それどころか、無理矢理シャワーを浴びさせたり、お風呂に入れたりすることで、いっそう水を嫌がるようになってしまうこともあります。水が嫌いなイヌの場合、**最初は足だけ、少しずつ体全体にかけていく**、といったように慣らしていきましょう。

シャンプーが苦手なだけでなく、**お風呂あがりのドライヤーが苦手**なイヌもいます。家でお風呂に入れても、「暴れるので乾かせない」「怖がるのでトリミングに連れていけない」と言う飼い主も少なくありません。社会化期にドライヤーの音に慣らし、おとなしく乾かせるようにしつけておきたいものです。このときはもちろん、無理矢理押さえ込んだりせずに、おやつを与えたりおもちゃで遊びながら拮抗条件付け（**24**参照）をしましょう。

シャワーやお風呂が好きかどうかは、犬種でもずいぶん異なります

ニューファンドランドはシャワーやお風呂が大好きなことが多いですが、逆にチワワはあまり好みません

ちなみにうちのトイプードルは「お風呂入る？」というとダッシュでベビーバスに向かい、飛び込んでバスからアヒルのおもちゃを外へ出します。これは元々プードルが猟師が撃ち落とした鳥を水辺で回収するための犬種だからです

41 イヌも人のように真似をするの？

夕食時になると、人と同じようにきちんと食卓の席に着くイヌや、家に人が来るといつの間にか先住犬と同じように吠えるようになったイヌがいます。イヌは、人やほかのイヌの真似をするのでしょうか？　そのとおり、イヌも真似をします。しかも、なんでもかんでも真似をするわけではなく、状況に応じて、**自分自身にとって利益があると予想されることを真似する**のです。

それを証明した興味深い実験があります。

木の棒を下に引くと、箱が開いて食餌がでてくる装置があります。するとイヌは、効率がいい口を使って棒を引き、食餌を獲得する行動が多く見られました。しかし、口でなく前肢を使って棒を引く訓練をあらかじめ受けたイヌの行動をほかのイヌに見せたところ、見せられたイヌも前肢を使って棒を引くことを真似しました。**ほかのイヌの行動を真似した**わけです。

さらに興味深いことに、今度は前肢を使って棒を引く訓練を受けたイヌの口にボールをくわえさせた場合と、そうでない状態（ボールなしの状態）で、前肢を使って棒を引っ張るようすをほかのイヌに見せました。

すると、ボールをくわえながら前肢で棒を引っ張っているイヌを見たほかのイヌは、前肢ではなく口を使って棒を引き、ボールなしの状態で前肢を使って棒を引っ張っているイヌを見たほかのイヌは、前肢を使って棒を引くようすが多く見られました。

これはどういうことかというと、イヌは**状況によって真似をするかしないかを判断している**ということです（Friederike Range et al., 2007）。

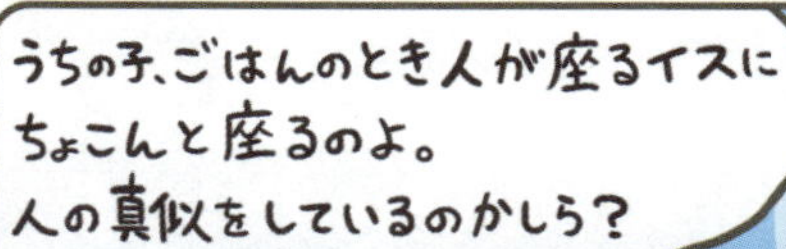

うちの子、ごはんのとき人が座るイスに
ちょこんと座るのよ。
人の真似をしているのかしら？

そうですね、イヌは人の真似を
します

しかも、ただ真似をする
だけじゃなくて、状況によって
「真似すると良いことが起きる」ことを
学んで真似ているんです

木の棒を下に引くと、箱が開いて餌がでてくる装置

いちばん効率がいいのは、口を使って
棒を引くこと

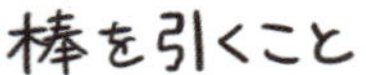

しかし…

お手本のイヌが前肢を使って木の棒を下に引くと、
ほかのイヌも前肢を使う → ほかのイヌのマネをした

この後に

口が使えないから
肢を使ってるのかぁ

肢で引くと
やりやすいんだな

① ボールをくわえさせて

② ボールなし

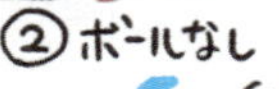

口でする

肢でする

イヌは状況によって前肢を使うか使わないか判断している

最初の実験では、前肢を使うことで、口を使うよりもなにかメリットがあるのだろうと思い真似しましたが、次の口にボールをくわえた状況では真似をしません。これは、「(ボールをくわえているので)前肢で引っ張らざるを得ない状況なんだ」ということを理解したうえで、より効率のよい口を使って棒を引っ張っているのです。

人を含め、動物は進化の過程で、自分自身にメリットがある選択をし、生存率を上げていきます。先輩のイヌが行う狩りのようすを真似する行動も、当然といえば当然かもしれません。

ここで注意しておきたいのは、**私たち飼い主にとって困った行動でも、イヌにとってメリットがあれば、その行動を真似してしまう、**ということです。

イヌを複数匹飼っている家で、後から家にやってきたイヌが、先住犬を真似し、お客さんが来ると吠えたり、飛びついたりすることがあります。縄張り意識が強く、吠えている先住犬を見習って家に人がやってくると吠えてしまうのは、「へ〜、こうしたら怪しい人はいなくなるんだ」と真似したからです。

42 イヌにおやつを与えてはいけないの？

みなさんは、愛犬におやつを与えていますか？　「ドッグフードを食べなくなると嫌だから与えない」「イヌにおやつは必要ない」といった意見を、飼い主から聞くこともあります。

朝と夜に十分食べ物を与えられているイヌにとって、おやつは必要ないかもしれません。けれども、ごほうびとして与えることで、トレーニング時の愛犬にやる気を起こさせたり、日々の楽しみになったりするのではないでしょうか？

行動学では、行動の頻度が上がることを**強化**（きょうか）といいます。イヌにとってうれしいことやもの（**強化子**（きょうかし）といいます）、つまり、ごほうびがあるときに起こります。たとえば、お座りの成功率を上げたいときは、強化子（ごほうび）が必要です。**おやつは立派な強化子**になります。

トレーニングには、おやつではなくドッグフードだけを使うという飼い主もいるかもしれません。もちろんドッグフードで喜ぶイヌもいますが、ドッグフードとおやつでは、もちろん、おやつのほうがうれしいに決まっています。イヌにとってごほうびになっていなければ、強化子にはならないし、あなたがイヌにとって欲しい行動（この場合だとお座り）も増えません。もちろん、愛犬をほめたり、なでたり、**そのときに愛犬がして欲しいことが強化子にもなる**ので、愛犬の気持ちを考えながら、ときと場合によって使い分けましょう。とはいえ、もちろんおやつばかり与えていると、肥満の原因になりますし、前述のようにドッグフードを食べなくなることもあります。何事も適量がいちばんですから、おやつをかしこく使いましょう。

普段おやつは
与えていますか？

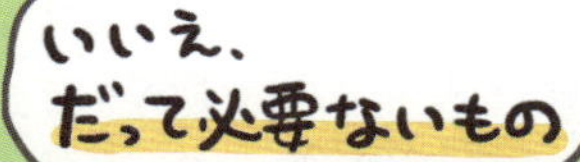

ちょっと待った

STOP!!

おやつは必要でないように
見えて必要なんです!!!

お座り
トレーニングのモチベーションも上がるし、条件付けの強化子（ごほうび）にもなる!!
さっ

日々の楽しみにもなる!!

おやつだー
どうぞ

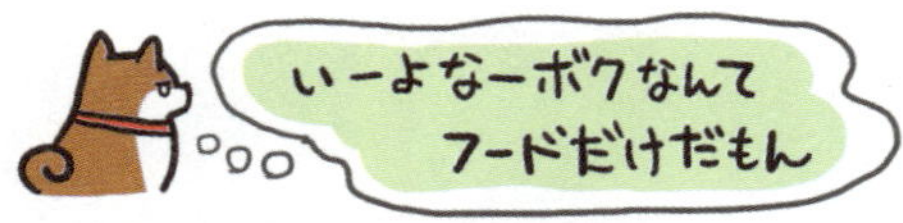
いーよなーボクなんてフードだけだもん

力説の理由、納得…
いや〜でも仕事のモチベーションも上がるし〜〜〜
それ、ケーキ（必要でないもの）を食べる言い訳!!

イヌにとっておやつはフードよりもうれしいので、トレーニングの強化子としてじょうずに使いたい。ただし、やみくもに与えたり、飼い主の気分で与えたりするのはお勧めしない

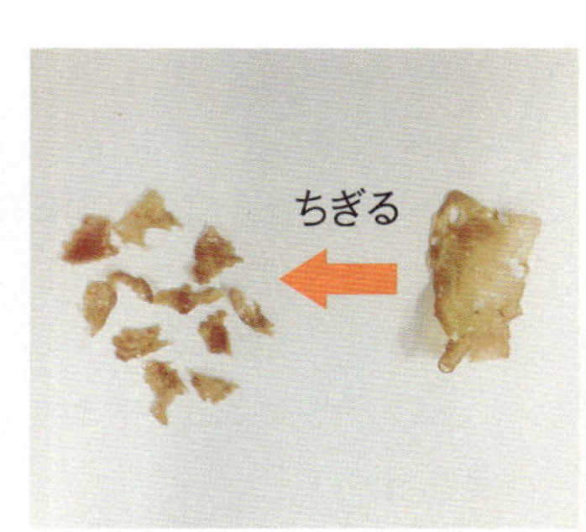

1回分の量を細かくちぎれば、少量のおやつでも楽しくトレーニングできる

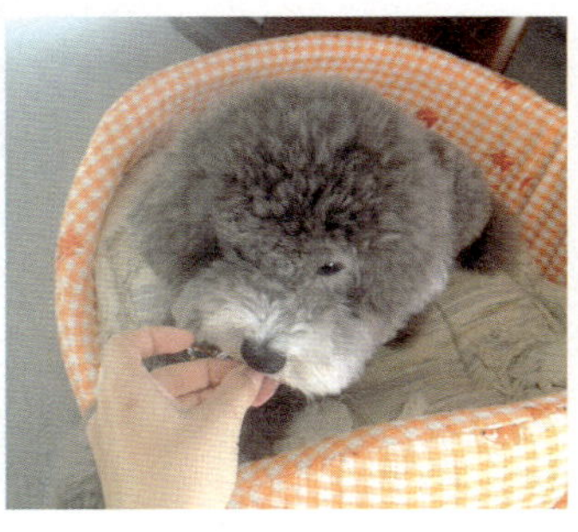

細かくちぎったおやつを何度ももらえれば、イヌにとっても楽しみが倍増する

43 イヌは首輪を付けたくないもの？

「**首輪**をなかなか付けられないから、お散歩に行けないんです……」。私が飼い主さんからよく聞く悩みの1つです。

お散歩デビューの日が近づいてきたら、イヌに首輪やリードを付ける練習をします。しかし、首輪を付けたとたん、人形のようにその場から動かなくなってしまう子イヌや、首輪を嫌がって咬もうとしたり暴れたりするイヌもいます。

逆に、飼い主がお散歩に行こうと首輪やリードを手に取ると、イヌがうれしさのあまり興奮して走り回ったり、「つかまえてみなよ」といわんばかりに追いかけっこが始まる場合もあります。このように首輪を付けられない理由はさまざまです。

多くのイヌは、最初は首周りに違和感を覚えるため、首輪を嫌がります。私たちでも、いきなり首輪を巻かれたらいい気はしないですよね。

ここで重要なのは、イヌが「首の周りのへんてこなもの」を嫌いにならないように**慣れさせること**です。子イヌのころであれば、大好きなおやつを与えながら首輪を付けたり、首輪を付けたままおもちゃで遊んだり、首輪と楽しいことを関連付けたりして、首周りの違和感に慣れるようにしましょう。逆に、首輪に慣れさせようと逃げる子イヌを無理矢理押さえ込んだりすると、ますます首輪を嫌いになってしまいます。

子イヌが首輪に慣れたら、お散歩に行くときは「きちんとお座りをさせて首輪を付ける」など、決まりごとをつくっておくといいでしょう。「お座りして首輪を付けたら大好きなお散歩に行ける」と学習すれば、**首輪嫌いも克服できる**はずです。

はじめてのリード

ここで無理に追いかけたり、叱ってはダメです

首輪と楽しいことを結びつけて「首輪を付けるのも悪くないな」と思わせてください

興奮してしまうようなら、お座りしてから。でないと首輪を付けないようにしましょう

…とはいえ、我が家のイヌも首輪を付ける瞬間にあくび（カーミング・シグナル）が出るので基本的には嫌なんでしょうね…

認知症の老犬とはどう暮らす？

萩森健二（かもがわ動物クリニック　院長）

動物医療技術の向上や、飼い主の動物愛護精神の高まりにともない、**動物の高齢化**が進んでいます。それと同時に、さまざまな病気になる割合も高くなっているようです。

人に認知症（以前は痴呆症と呼ばれた）があるように、**イヌにも認知症**があります。では、認知症になってしまったイヌに対しては、どう接し、どう対処すればよいのでしょうか？　まず認知症のイヌは、心臓病、腎臓病、腫瘍、関節の病気、ホルモンの病気など、さまざまなほかの病気を併発していることが多いので、早期にこれらを発見し、対処していく必要があります。

また、認知症のイヌは体温調節能力が低下しているため、冬場の保温や夏場の熱射病には、特に注意する必要があります。そのほか、寝たきりになった場合は床ずれ（褥瘡（じょくそう））に注意し、視力や聴力が極度に低下している場合は、ゆっくりと一定の順番で触ってあげるなど、そのイヌに合ったケアが必要になります。

「もう歳だからしょうがない」ではなく「歳だからこそ」、残された生活をどれだけ充実させてあげられるかを考えなければなりません。

動物を最期まで責任をもって看取ることは、肉体的、精神的、そして経済的にもとても大変です。しかし、それができるのは、**いままでずっと一緒にいた飼い主だけ**なのです。

もし、イヌのケアについてわからないことや不安なことがあれば、なんでもかかりつけの動物病院に相談してください。動物にとってもっともよいケアの仕方について、一緒に考えてくれるはずです。

困った行動のワケを知る

「やたらに吠える」「おやつがないと言うことを聞かない」「リードをグイグイ引っ張る」といった行動に悩まされている飼い主もいるでしょう。ここでは、なぜイヌがこんな困った行動を取るのか、そのワケに迫ってみましょう。

買い物から帰ってきたら部屋がメチャクチャ！

「夕食の仕度を……」と、少し家を空けて戻ると、カーテンやクッションがボロボロに！　どうして飼い主がいなくなるといたずらをするイヌがいるのでしょうか？　ほとんどのイヌは、飼い主が仕事や用事で家を留守にしても、その状況に対応して1匹でお留守番ができます。しかし、なかには飼い主が不在という状況に極度の不安やパニック、恐怖を感じて**対応できないイヌ**もいます。

イヌが飼い主と離れたときに感じる不安感を、心理学の言葉を用いて、分離不安と呼ぶことがあります。この言葉は最近、日本でも知られるようになってきました。「不安」とありますが、これは感情の1つにすぎません。飼い主と離れたときの不安や恐怖、パニック、落胆、退屈の度合いは、子イヌのころの経験や犬種、性格によって異なります。そのため、分離不安ではなく、**分離関連障害**と呼ぶ専門家もおり、ここではこちらを用います。

これらの感情は複雑に絡み合い、飼い主不在の状況に耐えられなくなったイヌの行動に影響を及ぼします。たとえば、破壊行動（家具や飼い主の持ちものをかじる、じゅうたんやドアを引っ掻く）、吠える、鳴く、不適切な排泄などです。

イヌの分離関連障害は飼い主が不在のときに発生するので、飼い主がなかなか気が付かず、近所から苦情がきて初めて知ることもあります。分離関連障害の可能性がある場合は、留守中にビデオカメラを設置するなどして、イヌのようすを観察できるようにしておくといいでしょう。なお、分離関連障害は病気ではありません。飼い主がいなくなった状態に対応できるか否か、情動をコントロールして対処できるか否かがポイントです。

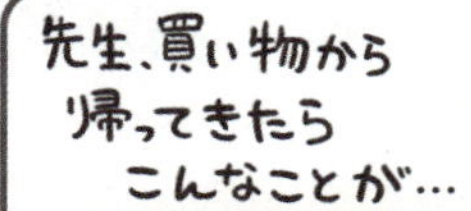

それは
「分離関連障害」
かもしれませんね

イヌが1匹になったとき
不安やパニック、恐怖を感じて
状況に対応できなくなるの。
その結果身の回りのものを
咬んだり、掻きむしったり…

わざと足を引きずっている？　仮病？

「最近、よく足を引きずっているようなので、動物病院に連れて行ったけれども、『なにも問題はない』と言われた」――イヌも人のように仮病（けびょう）を使うのでしょうか？

イヌは人のように、自分で仮病と意識しているわけではありませんが、自分にとっていいことが起こる行動を繰り返します。足を引きずるといった仮病のような行動だけでなく、私たち人から見ると困った行動や、理解できない行動でも、イヌにとっていいことであれば、イヌはその行動をとるようになるのです。

吠えるのもそうです。イヌが飼い主の注意を引くために吠えることを要求吠えといいますが、飼い主が「うるさいな！」とイヌに怒っているつもりでも、大好きな飼い主にかまって欲しいイヌからすれば、「飼い主が注目してくれた！」ということになり、イヌにとっては「いいこと」なのです。吠えては怒ってを繰り返していると、飼い主の注意を引く要求吠えを繰り返します。

このケースでは、イヌがケガをして足を引きずっていたとき、飼い主がやさしくしたり、飼い主がうっかりイヌの足を踏んで少し足を引きずったとき、「ごめんね、だいじょうぶ？」と、なでてだっこしたりしていました。また、お散歩中にイヌが木の枝や石ころを踏み、足に葉っぱが絡まって足を引きずったとき、「どうしたの？　だいじょうぶ？」と心配することもありました。

このように、「足を引きずる」→「いいことがある（飼い主にやさしくしてもらえる）」と学習すると、イヌは大好きな飼い主に注目してもらうため、痛いわけでもないのに足を引きずる行動をとるようになるのです。

足を引きずっているんですけど、
獣医さんにはなんともないと
言われたんですよね

以前足を引きずったとき、
飼い主さんにやさしくされた
経験があると思いますよ

そういえば…あるかも!!

また、やさしくしてほしくて
仮病を使っているのかも
しれませんね

困った行動がどんどん起こるんだけど……

飼い主を咬む行動、スリッパをもって逃げる行動、いたずらや困った行動が、頻繁に起こるようになってきた――そんな風に感じたことはありませんか？

前の項目(45)でも少し解説しましたが、イヌは自分にとってメリットがあると、その行動を繰り返すようになり、頻度も増えます。42でも述べましたがこれを強化といいます。

これは、イヌだけでなく私たち人でも同じです。子供のころ、家のお手伝いをしておこずかいをもらったり、お母さんにほめられると、「じゃあ、もっとがんばろう」という気になり、自分から進んでお手伝いをした覚えはありませんか？

大人になっても、「試験でよい点を取れた」「仕事で上司にほめられた」「よい成果をだせた」となると、さらにやる気になってがんばれるのではないでしょうか？　これは、**がんばる行動が強化されたから**です。

たとえば飼い主がイヌに、お座りを教えるときを考えてみましょう。お座りした結果、「ほめられた」「ごほうびがもらえた」といったよいことがあれば、イヌは喜んでお座りをするようになります。「しぶしぶお座りする」か「目を輝かせてお座りをサッとする」かで、お座りが強化されたかどうかは一目瞭然です。

このようにイヌにとっていいことであれば、その行動は強化され、頻繁に起こるようになります。たとえそれが、「飼い主にとって」悪いことでも……。

困った行動が増えてきたときは、イヌがその行動をとった後になにが起こっているか、**イヌの気持ちになって**考えてみてください。

強化とは?

イヌにメリットがあった場合、その頻度が増えること

でも、「良いこと」も強化できるんですよ。
たとえば飼い主がイヌの足をふきたいときは
イヌに「足をふいてもらうと良いことがある」と
強化すればいいんです

ちゃんとふき終わるまで
足を出していたら、
なでてあげたり、
おやつをあげてくださいね

47 おやつがないと言うことを聞かない……

おやつがあるとお座りも伏せもできるのに、ないとできないイヌがいます。どうしてでしょうか？

イヌの学習の仕方は、大きく分けて2つあります。1つは、古典的条件付けです。「パブロフのイヌ」がよい例です。食餌を前にしたイヌはよだれを垂らします。これは、無条件反射といわれ、誰に教えられなくても、生まれながらに身についている生得的行動です。

しかし、食餌を与える前にベルを鳴らすことを繰り返していると、そのうちベルの音を聞いただけでよだれを垂らすようになるのです。これは「食餌→よだれ」の無条件反射に対して、イヌが学習した「ベル→よだれ」の条件反射です。なお、これはイヌが無意識に行う行動です。

もう1つのイヌの学習の仕方は、オペラント条件付けです。三項随伴性といって、イヌは3ステップで学習します。

① 刺激（きっかけ）
② 反応（イヌ自身やその周りで起こる反応）
③ 結果

③の結果が、イヌにとってよいことであれば、イヌは①と②の行動を関連付けて、②の行動を繰り返すようになるのです。おやつがないとお座りをしないという場合、①の刺激、つまりきっかけが「お座り」という言葉ではなく「おやつ」になっていませんか？　正しい順番を紹介しましょう。

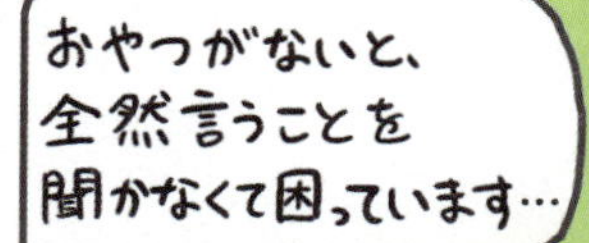
おやつがないと、
全然言うことを
聞かなくて困っています…
イヌは
「きっかけ」→「反応」→「結果」
で学習しますからね

オヤツ
くれ

問題は、「きっかけ」がおやつであることです。
「きっかけ」はお座りという言葉にしなければ
いけません

どういうことですか？
オヤツ
くれ

① 「お座り」（きっかけの言葉）
② イヌが座る
③ おやつがもらえる（いいこと）

これならイヌは、「お座り」という言葉で喜んで座るようになります。ところが、「お座り」といいつつも、手におやつを持っているのをイヌがわかっている場合、

① おやつ（きっかけ）
② イヌが座る
③ おやつがもらえる（いいこと）

となり、きっかけのおやつがないと座らないようになるのです。

おやつなしでお座りさせるには？

では、きっかけを「お座り」という言葉にして、おやつがなくてもお座りできるようにするにはどうすればいいのでしょうか？　これは、「イヌにおやつを見せない」「持っているのを気づかれないようにする」ことです。

イヌが座ったら、「あら、ラッキー♪！　おやつがもらえた！」となればいいのです。おやつを持っているのがどうしてもバレてしまうなら、大げさにほめるだけ（おやつなし）でも、イヌの学習の仕方はずいぶん違ってきます。

おやつは、イヌの注意を引いたり、困った行動をごまかすためのきっかけではなく、「**棚からぼたもち**」といったものです。イヌにとっての「思わぬいいこと」として、じょうずに使うようにしてください。

理想のパターンは以下です
①きっかけ
お座り!!
②反応
③結果
はい おやつ!!

これをしつけるときは、おやつを持っていることを犬に気が付かれないようにしてくださいね

どうしてイヌは「無駄吠え」するの？

「誰もいないのに吠える」「ずっと吠えている」――私たちはよく無駄吠えといいますが、これは「無駄」に吠えているわけではありません。イヌにとっては意味がある吠えなのです。

①要求吠え

「ワン……、ワン！」と、何度か大きい声で吠える吠え方です。飼い主がイヌの要求に気が付かず、無駄吠えと呼んでいることがもっとも多い吠え方です。たとえば、飼い主が食事をしているときや、自分の食餌時間の前に吠えるのが要求吠えです。「早くちょうだい！」という要求です。また、飼い主が電話をしていたり、お客さんとしゃべっているときに吠え続けるのも要求吠えです。これは「かまってよ！」という意味です。知らず知らずのうちに、飼い主が要求に応じていることが多い吠えでもあります。

②警告の吠え

「ワン、ワン、ワン」と吠え続けます。家にいるときになにか音がすると「怪しいぞ！」とか、チャイムが鳴ると「誰か来たぞ！」と周りの人に知らせます。「静かにしなさい！」と大きい声で怒鳴ると、イヌはいっそう興奮して、激しく吠えだすこともあります。

③唸る、鳴く

イヌは「ウ〜！」と、低く唸ることで怒りや警告を相手に伝え、「クン、クン」と鳴くことで、寂しさや不安を伝え、「キャン！」と鳴くことで痛みを伝えます。

このようにイヌは、コミュニケーションの手段として声を使いますから、吠え方や鳴き方はイヌの気持ちを読み取る手段でもあるのです。

イヌに吠えられたとき、やめさせようと思って言うことを聞いていては、イヌの思うつぼです

悪い例
ワン ワン
ワン!!
(ボール投げて)
ボールね、
ほ〜ら

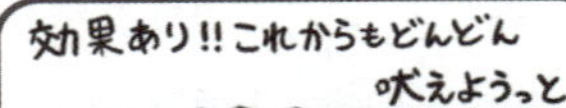
効果あり!! これからもどんどん
吠えようっと

フフフフ

イヌからすれば、
全然無駄ではないんですね…!!

良い例
……(無視)
ワン ワン
ワン!!
(ボール投げて)
プイ

うっ…効果がない。
おとなしくしよう…
…

お。おとなしくしていれば
ボールをくれるぞ…!!
ハイ

イヌから見て無駄吠えというものはない。吠えたことによって要求が満たされれば何度でも繰り返し、強化されていく。吠えても無駄と思わせることが重要だ

「Speak」というコマンドを使って、イヌを意識的に吠えさせることができる。これができれば、吠える行動をコントロールできる

49 なんでリードをグイグイ引っ張るの？

そもそもどうしてイヌはリードをグイグイ引っ張るのでしょうか？　イヌにとってお散歩、外の世界は魅力的な場所です。ひとたび外にでれば、家の中にいるよりずっと刺激的で、ほかのイヌやにおいであふれかえっている公園や近所の情報を収集できる場所に足を速めます。このとき、リードを引っ張るのは、「リードを引っ張る」→「前に進める」、つまりイヌにとっていいことがあると学習しているからです。「元気があるからしょうがないよね……」と思っていると、大事故になりかねません。

たとえば、車道の反対側にいるイヌを見つけて急にリードを引っ張り、自動車にひかれたり、急にリードを引っ張られた飼い主が転倒して骨折したりすることもあります。「大型犬ではないから安心」と思っていても、**瞬間的な力は小型犬でも想像以上**です。気を抜いていると事故に巻き込まれかねません。未然に事故を防ぐためにも、普段からリードを引っ張らないようにしておきましょう。

ではどうすればいいのでしょうか？　よくリードを引っ張ると、「待ちなさーい！」とリードを反対側に引っ張る飼い主がいます。けれどもこれはあまりお勧めできません。引っ張られるとイヌは、反動で引っ張り返したくなるからです。

イヌが、「リードを引っ張ると前に進める（イヌにとっていいこと）」と学習しているのであれば、**イヌがリードを引っ張ったときにすぐ、ピタッと止まりましょう**。そして、イヌが引っ張るのをやめたら進みます。「引っ張る→前に進めない」「引っ張らない→前に進める」とイヌが再学習すればOKです。

うちの子、リードをグイグイ引っ張るからお散歩が大変なんです…
ズリズリズリ

子供のとき、誰かにお気に入りのおもちゃを取られそうになると、必死で引っ張りませんでした？
引っ張られると引っ張り返したくなるのはイヌも一緒です

引っ張りっこしても不毛です。引っ張られたら立ち止まりましょう。引っ張るのをやめたら歩き出すのです

そうすれば「引っ張らなければお散歩に行ける」と学習します

それでも力が強いようなら、ジェントル・リーダーを使いましょう

なぜ食べ物じゃないものも飲み込むの？

異物誤食（いぶつごしょく）は、食べるものによって原因が異なるといわれています。草などを食べるのは胃腸の調子を整えるためですが、刺激のない生活に慢性的なストレスを感じていると異物を食べてしまうこともあります。まずは、体に不調がないか、獣医師に診察してもらいましょう。**拾い食いは、起こってからではなく未然に防ぐことがいちばんの解決策**です。

それでも起こってしまった場合の対策は、拾い食いや室内でのゴミ箱あさりを習慣化させないことです。家の中でごみ箱あさりをしてしまうイヌの場合、ふた付きのごみ箱にします。イヌが興味を持ちそうなティッシュなどは、イヌの手(口)の届かないところに置くようにしましょう。退屈で刺激のない暮らしを送っていると、家の中で探索行動をしてしまうので、たくさん遊んであげ、コングを与えるなどして、1日の暮らしに楽しみを与えましょう。

なお、お散歩中や家の中で、イヌが異物を口にしてしまった場合、飼い主は焦って無理に口の中から取りだそうとすることが多いでしょう。でも、これは逆効果です。子供のころ、普段はほうっておいたおもちゃでも、ほかの子が欲しがると、急に貴重なものに思えて、渡したくなくなった経験はありませんか？

イヌも同じです。私たちが焦って口からださせようとすればするほど、イヌは大切なものだと思い、「渡してなるものか！」と飲み込んでしまうのです。そのため、普段からイヌには「離して」といった、**口の中のものをださせるコマンドを教えておくのが得策**です。

拾い食いがひどくて…
食いしん坊なのかしら？
エネルギーが有り余っている
活動的な犬種や若いイヌに
多いですね

食いしん坊というよりも、
探索系統の問題
なんです
探索系統って？

イヌにとって必要な行動を「しようとする」気持ち
のことです。イヌの情動の一種です
異性
獲物
モーターパターン
イヌの一連の
行動のこと
獲物を得た喜びというよりも、
獲物を得ようとするときのワクワクする気持ちです…
男が口説き落とすまでの過程を楽しむ感じですね。
腹立つわ!!!(#ﾟДﾟ)
な、なにか嫌な思い出が!?

はっ
し、失礼。日々の生活で探索系統を満たすイベントを増やしましょう

たとえば、コングにフードを入れて与えたり、いろいろなところにおやつを隠したりするといいでしょう。ボール遊びもいいですね
コングというおもちゃ

…しばらくして

拾い食いが治りました!!
日々の生活が問題行動の原因であることも多いんです

一口に猟犬といっても、ハウンドやポインターなど犬種によってモーターパターンは異なる。ハウンドはにおいをたどって獲物を捕まえるが、ポインターは獲物を目で探して捕まえる

ゴールデンレトリバーは「獲物を探してくわえる」というモーターパターンを持っているのでボール遊びが大好きだ。レトリバーという名のとおり、「持ってくる（回収する）行動」が特に強化されている

イヌの探索系統ってなんのこと？

米国の神経科学者ジャーク・パンクセップ博士は、「動物には、探索、パニック、怒り、恐怖、快、遊び、いたわりの7種の情動が生まれる」と述べています。なかでも、**探索系統**(seeking system)は、**活動的で好奇心旺盛なイヌにとって不可欠な情動**で、この気持ちを満たすために十分な探索行動が行われていないと困った行動として現れます。

それは、**50**の拾い食いだったり、自分の手足をなめ続ける常同行動だったり、布団やおもちゃのぬいぐるみをかじる破壊行動だったりです。犬種や性格により形を変えながら問題行動として現れるのです。このようにイヌの問題行動の背後には、探索行動不足という原因が隠れていることがあるのです。

ところで、この探索系統とはどのような情動、気持ちなのでしょうか？　それは「生得的な、目的を得ようとする気持ち」です。たとえば、野生の生活では、獲物を食べることではなく、獲物を捕まえて食べようとする過程、獲物のにおいを追跡し、羽をむしって肉を裂く、これらの一連の過程が探索系統を満たします。

探索系統は、現在では野生の生活をしていないイヌだけでなく、人間にも備わっています。たとえば、大きな仕事を任されたときの成し遂げるまでのやりがいや、プレゼントをもらったときに包みを開けるワクワク感などです。仕事の成果そのものやプレゼントの中身ではなく、**結果を得るまでのワクワク感こそが、探索系統の情動**なのです。

このワクワク感を満たすことで、動物は報酬系のドーパミンによって幸せを感じ、その行動は強化され、繰り返されます。

パンクセップの7つの情動

いたわり

急にトイレでちゃんと排泄できなくなった

①飼い主がいないときやお留守番時

飼い主が不在のときや、イヌから離れているときにだけ起こるようなら、44で述べた分離関連障害かもしれません。「よくも1人(匹)にしたな!」という、イヌの腹いせのように感じる飼い主が多いようですが、これは腹いせというよりも、むしろパニックや不安を感じて、膀胱や肛門のコントロールができなくなり、「おもらし」している可能性が濃厚です。

②慢性的なストレス

慢性的なストレスが原因のこともあります。「突然排泄ができなくなった」と言いますが、本当に突然でしょうか? 不適切な排泄が起こる数日前、もしくは数週間前に、なにかイヌの周りで変化はなかったでしょうか? たとえば「ペットホテルにイヌを預けた」「飼い主が入院した」「新しい家族が増えた」などです。私たち人にとっては気にとめてもいないほど小さな変化かもしれませんが、イヌはなんらかのストレスを感じている可能性があります。

③ホルモンの影響

生後4〜8カ月ごろの子イヌの場合、いままでトイレできちんと排泄していたのに、できなくなることがあります。これはホルモンが影響していることもあるので、焦らずもう一度、根気よくしつけをし直しましょう。

④身体的な病気

原因がどうしても思いあたらない場合、腎臓の病気や認知症といった可能性もあります。この場合は動物病院で診察してもらいましょう。

留守にするといつも嫌がらせするんです…

嫌がらせではなくて
分離関連障害
ですね

イヌが飼い主と離れたときに
恐怖、不安、パニック、落胆などして、
行動に影響を及ぼすことです

不安からくる緊張で、
膀胱や腸のコントロールが効かず
おもらしする場合があります。
吠えたり、家具を引っ掻いたりする子も
います

とはいえ、飼い主がいなくなると、
単にはしゃいでいたずらするイヌもいるので、
動画に撮ってみることをお勧めします

イヌがケガをさせられたとき、ケガをさせたとき

石井一旭（弘希総合法律事務所　弁護士）

イヌを飼うのが人である以上、イヌを巡るトラブルにも法律が関係してきます。飼い主がいちばん気になるのは、自分のイヌが傷つけられたときと、逆に自分のイヌが他人やほかのイヌにケガをさせたとき、法律上どうなるのかではないでしょうか？

まず、自分のイヌがケガをさせられた場合、飼い主はイヌにケガをさせた相手に損害賠償を請求できます。相手がイヌであれば、その飼い主です※。しかし、イヌ（を含むペット全般）は法律上、人ではないことから「物」として扱われてしまい、賠償額がペット購入額の範囲に限定されるなど、さまざまな制約が課せられています。一方、人のような皆保険制度がないため、イヌの治療費は高額になりがちで、しかも全額飼い主負担となります。大切なイヌがケガをさせられ、高額の治療費を負担しなければならないのに、相手からは十分な損害賠償を取れないのでは踏んだり蹴ったりですが、残念ながらこれが日本の実情です。

逆に、飼っているイヌが他人や他人の物（ペットを含む）を傷つけた場合、基本的に飼い主が相手に対する損害賠償責任を負います。「飼主がちょっとイヌのリードを解いて目を離したすきに、他人を噛んでケガをさせた」というような不注意で、相手のケガ次第では何百万円もの賠償責任を負うこともあるのです。

このように、イヌが被害者になったときも加害者になったときも、イヌとその飼い主にとって厳しい現実が待ち受けています。治療費を保障するペット保険もありますが、イヌが加害者になったときは対応できません。イヌを普段から見守り、しつけて、無用なトラブルから守るのが最善の自衛策です。

※故意にケガをさせるなど悪質な場合は、刑法や動物愛護法の罰則が科せられる可能性もある。

第6章 気持ちをつかんでじょうずにしつける

イヌにとってのごほうびは、おやつや、飼い主にほめられることだけではありません。イヌの気持ちを正確につかむことができれば、おやつなしでも楽しくしつけることができ、飼い主との強い信頼関係も築けます。

人との間に上下関係はあるの？

「うちのイヌって、自分のことを飼い主より上だと思っているんですよ」。問題行動で悩む飼い主さんが、必ずといっていいほど口にする言葉です。「どうしてそう思うんですか？」とたずねると、「飼い主の言うことをまったく聞かないからです」といいます。でも、イヌが飼い主の言うことを聞かないのは、「自分のほうが上だと思っている」からなのでしょうか？

読者のなかにも、「イヌは自分のほうが飼い主より上だと思っている」「イヌは家族に順位をつける」と思っている人はたくさんいるのではないでしょうか？

イヌが上下関係をつくるという考え方は、オオカミの群れ（パック）でのルールからきたものです。しかしこのルールは、動物園などの隔離された環境で飼育されたオオカミの不自然な群れでの行動からきたもので、本来、**自然界にいるオオカミの群れにおいては見られない行動**なのです。

なぜなら、本来のオオカミの群れは、おもに家族で構成された協力的な群れであり、常に下位のオオカミがボスの座を狙っている階級社会の群れではないからです。無駄に争ってケガをすれば、生死にもかかわります。厳しい自然界で生き抜き、子孫を残していくには、家族で協力し、群れの生存率を上げる必要があるのです。

確かにオオカミの群れは、**アルファ**といわれるオスとメスのペア、そしてその子供や親族で構成されますが、私たちが考えるように「アルファのオオカミはいちばん偉いから、なんでもやりたい放題」というわけではありません。

うちのイヌ、まったく言うことを聞かなくて。
飼い主より立場が上と思っているのね
ちょっと待ってください。
そもそもけじめを付けていますか？

けじめ？

食事中、イヌに「ちょーだい」といわれる感じで
抱きつかれると、ちょっとだけあげていませんか？
イヌがボール遊びをしたくてワンワン吠えるとき
「うるさいなー」といいつつボールを渡していませんか？
ハイハイ
あ。

アルファのオオカミの最大の特権は、**繁殖する権利を持つこと**です。ですから、常にいちばん先に獲物にありつくわけではないし、常に先頭を歩いて移動するわけでもありません。子供のオオカミがいれば、先に獲物を与えることもあるし、繁殖の時期などは、メスのオオカミを守るためにいちばん後ろを歩くこともあります。

しかし過去に、隔離されたオオカミの群れ行動を誤って解釈したことで、「ボスである人間が先に食事をしないと、イヌが自分を上だと思う」「散歩のときにイヌが前を歩くのは、自分がボスだと思っているから」といった、上下関係を強調した考えが流布してしまいました。この考えはいまも、しつけの一環として信じられているのです。

そもそも、アルファのオオカミが持つ最大の特権である「繁殖する権利」は、人（飼い主）と争うことではないので、上下関係の必要性はない。イヌが言うことを聞かないのは、上下関係のせいではない。イヌとよい関係を築くには、信頼関係とけじめが大切なのだ

はい…
まったくけじめを
付けていませんでした

それはまるで、孫にせがまれると無制限に
おこづかいをあげてしまう、お爺ちゃんや
お婆ちゃんと一緒ですね
面目ないです…

犬に必要なのは、ダメなものはダメとしっかり
言ってくれて、頼りがいのあるお父さんやお母さん
です。もちろん一緒に遊んでくれる仲間でもある
必要があります

54 イヌ同士に上下関係はあるの？

2匹以上のイヌを飼っている（多頭飼い）家庭では、イヌ同士の関係性に頭を悩ませている人もいるでしょう。おやつやおもちゃといった大切なものの取り合い、飼い主に注目されたくて起こるイヌ同士のけんかなどです。

このとき、よく「後からやってきたイヌが、先住犬を下に見ている」とか、「先住犬が、自分をボスだと思っている」などと、イヌ同士の上下関係が問題になることがあります。

イヌ同士の上下関係、順位付けというのは、**53**で解説したように、隔離された環境でのオオカミの群れ行動をもとにしています。しかし、オオカミとは異なるイヌに、本当に上下関係や順位付けがあるのでしょうか？

通常、私たちが考える「順位が上」のイヌのイメージは、上位のイヌが下位のイヌを支配していて、「イヌにとって大切なものは、上位のイヌが常にいちばんにありつける権利をもっている」というものでしょう。「大切なもの」は、食餌やおもちゃ、飼い主の注目といったものかもしれません。そして、下位のイヌは、常に上位のイヌの後に、ときには大切なものにまったくありつくことができない、というイメージがあるかもしれません。

より欲しがっているほうが手に入れる?

しかし、実際に多頭飼いの暮らしをのぞいてみると、「先に食餌にありつくのは先住犬だけど、おもちゃで先に遊ぶのは後からやってきたイヌ」というように、**すべてにおいて優先権をもったイヌというのはあまりいない**ようです。

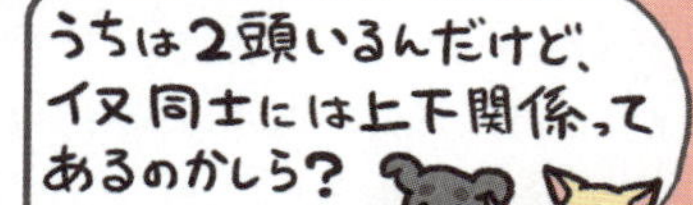
うちは2頭いるんだけど、
イヌ同士には上下関係ってあるのかしら？

実は絶対的な上下関係はないと考えられています

え、ないの？

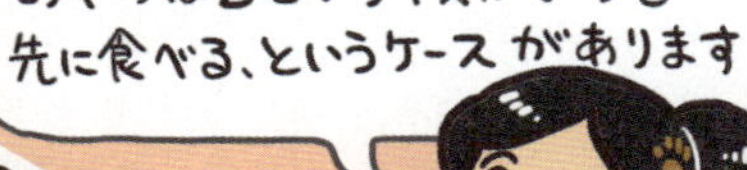
たとえば、おもちゃはAというイヌがいつも先にとってしまうけど、おやつはBというイヌがいつも先に食べる、というケースがあります

どちらが上かわからないわ…？

いえ、これは上下関係というよりも、
どちらのイヌのほうが対象（おもちゃ・おやつ）に
執着しているか、ということが関係しています

？？？

イヌは大切なものをめぐって争いになりそうな状況、たとえばボールが自分とほかのイヌの目の前に転がってきたとき、「自分がそのボールをどれくらい欲しいか」と「目の前にいる相手のイヌが、どれくらいそのボールを欲しがっているか」を考えられるといわれています。もし、相手のイヌが自分よりもボールを必死に欲しがっているようなら、「争う必要はない」と判断し、ボールをあきらめます。一度、このような経験をすれば、同じ状況下で以前の経験を生かして、無駄な争いを避けます。

「後からやってきたイヌは、自分のほうが上だと思っているから、先住犬をさしおいてボールを手に入れられた」と上下関係や順位を理由とするのではなく、「先住犬よりも、後からやってきたイヌのほうがボールを欲しがっていたから、ボールを手に入れた」のように、**欲求の強いほうが手に入れる**と考えたほうがしっくりくるのではないでしょうか？

まずはイヌをコントロールする

多頭飼いの場合、**飼い主の愛情争奪戦**で四苦八苦している方もいるでしょう。たとえば、飼い主が外出先から帰ると、2匹のイヌがかわいがってもらおうと、我先に飼い主のもとへ駆けつけます。飼い主は、イヌ同士でケンカしないように「どちらのイヌが上か下か」「なでる順番はどちらが先か」など頭を悩ませることも多いでしょう。

しかし、上下関係や順位を心配するよりも、**まずはイヌに任せ、必要に応じて飼い主が2匹のイヌをしっかり命令（コマンド）で座らせるなどコントロールすること**をお勧めします。普段から、飼い主がルールをしっかり決めれば、イヌ同士のいさかいを避けられます。

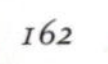

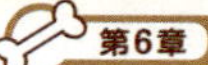

イヌは相手が自分よりも欲しがっていると感じると、あっさり譲ってしまうのです
どーぞ
なんでも自分のものにしたいわけではないの?

そうなんです。人とは違い、本当はたいしていらないのに、欲ばって自分のものにしたいということはありません。
あくまでも自分が欲しいか欲しくないかです

ですから、体が大きいイヌと体が小さいイヌでなにかを取り合ったとしても、体が小さいイヌが死ぬ気で欲しがったら、体が大きいイヌのほうがあきらめてしまうこともあるのです
いいよ
めっちゃ欲しいコレ!!

55 大人になってからしつけるのは無理？

子イヌは平均して生後49日で、危険だと感じたものを避けるようになります。子イヌはこの時期までは、見知らぬものを見ても恐怖より好奇心を感じて、近づいたり、許容したりできます。そのため、知らない人やイヌに慣れるだけでなく、初めて見る自動車や、掃除機の大きな音も受け入れやすい時期です。

しかし、社会化の時期が過ぎてからの環境も、イヌに大きな影響を与えます。イヌは**試行錯誤し、経験を積み、環境に順応していく術を学びながら成長**します。

たとえば、子イヌのころは家のインターフォンの音が、人が家にやって来た合図ということを知りません。しかし、成長しながら経験を積んで、インターフォンの音が鳴ると人がやってくることを学ぶと、縄張り意識の強いイヌは警戒して吠えたり、人が大好きなイヌは興奮して吠えたりするようになります。

そのため、まだインターフォンの音で人がやってくることを知らず、物事を受け入れやすい子イヌの時期に、「インターフォンの音が鳴ったらケージに入る」「玄関で伏せをさせて待たせる」ようにしておくと、将来、大興奮するイヌを大声で止めたり、必死に押さえたりする必要はなくなります。

しかし、子イヌのころにしつけられなかったからといってあきらめることはありません。もちろん、成犬になってもしつけをすることは可能です。お座りや伏せといった基本のコマンドはもちろん、インターフォンの音でおとなしく待つことも学べます※。イヌは常に、環境に適応するために学んでいるということを忘れないでください。

※拙著『イヌの「困った」を解決する』(サイエンス・アイ新書)228ページ参照。

たしかに下図のように
「危険を認識する時期までは
物事を受け入れやすい」とは言えます

オオカミ	ジャーマンシェパード
…9日目	…35日目
イヌの平均	ラブラドール
…49日目	…72日目

でも、イヌは常に学習していますから、
いまからでも遅くないですよ

56 イヌの性格はどうやって決まるの？

「あなたのイヌはどのような性格ですか？」と聞かれたら、あなたはどう答えますか？　わがまま、恐がり、怒りっぽい、甘えん坊、人懐っこい——さまざまな答えがでてくるでしょう。では、その性格はどうやって決まったのでしょうか？　生まれつきでしょうか？　それとも環境でしょうか？

答えは**生まれつき（遺伝子）＋環境**、つまり両方です。

イヌも、生まれながらに親の性格を受け継いでいることがあります。親が怖がりだったり攻撃的だったりすると、子イヌも怖がりだったり、攻撃的だったりすることがあります。犬種によっても性格は異なります。同じ小型犬でも、独立心のあるチワワに比べて、トイプードルは甘えん坊です。

環境でも性格は決まります。イヌの性格は、社会化に敏感な生後3カ月（生後12週齢）で、かなり決まってきます。ペットショップで育ったのか、ブリーダーのもとで育ったのか、ほかのイヌや動物の有無、子供や老人の有無、母イヌや兄弟犬と引き離された時期といった、さまざまな要素が環境となり、イヌの性格をつくりあげます。

たとえば、社会化の時期に親や兄弟犬と隔離され、まったく刺激のないケージから出ることなく育った子イヌは、怖がりで新しい物事や出来事を受け入れられず、環境に適応しにくいイヌになってしまいます。これは**ケンネル症候群**といいます。一方、さまざまな刺激があったイヌは、いつもと違う状況に陥っても積極的に物事を自分で解決する姿勢が見られます。無駄に怖がって吠えたり、パニックに陥ることがなく、落ち着いていられるのです。

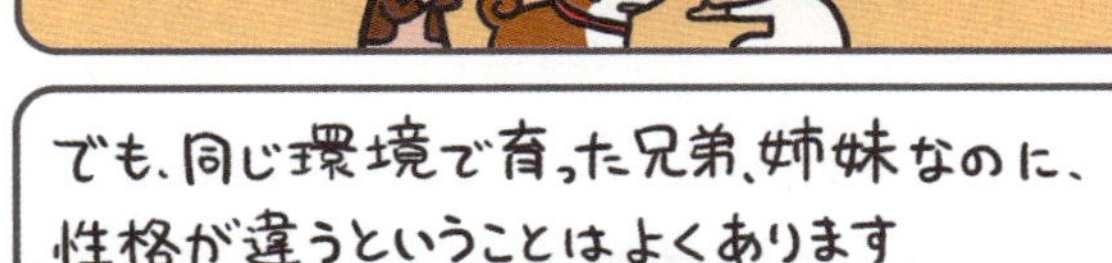
イヌの性格ってどう決まるのかしら？うちの子、前のイヌと違って怖がりで…
一般的に、社会化期にいろいろなものに接していないイヌは怖がりですね
でも、同じ環境で育った兄弟、姉妹なのに、性格が違うということはよくあります

…

いちばん大切なのは、その子の性格を理解して受け入れてあげることです。前のイヌと比べても仕方ないですね
そうですね！

「引っ張りっこ遊び」でイヌに勝たせてはダメ？

遊びが大好きなイヌにとって、飼い主と遊ぶことは、お互いの絆を強めるのに最適です。イヌ同士の遊びでも、ロープをイヌ同士でくわえて、引っ張り合う遊びがよく見られます。引っ張りっこ遊びは、遊びながら学べるという利点があり、一石二鳥です。遊びを通して、イヌと人とのコミュニケーションも強化することができます。

ところが、飼い主のなかには、「イヌになめられては困る！」と、引っ張りっこするときに、ロープを決して譲らない方がいます。でも、これだとイヌは、引っ張られてばかりで一方的です。普通に考えても、これではつまらないですよね？　**イヌのようすを見ながら、たまには勝たせてあげましょう**。

引っ張りっこ遊びを通して、「離して」という、口にくわえたものを離すトレーニングもできます。「離して」の命令（コマンド）をだす際は、人が無理矢理ロープを取り上げるのではなく、イヌが自分からロープを離すように促してください。もちろん、ちゃんと離せたら、思いっきりほめてあげてください。

このように、普段から遊びの中で「離して」や「お座り」をイヌにさせていると、家に人がやってきたときや、屋外に連れだしたときなど、普段よりもイヌが興奮状態にある場合でも、飼い主に注意を払うことができるようになります。遊びという、普段よりも興奮した状態のなかで、飼い主の言うことを聞くことができるように、普段から練習しておくといいですね。

もちろん、なかには引っ張りっこ遊びで大興奮してしまうイヌもいるので、ようすを見ながら行いましょう。

「離して」を
教えましょう

Step1

おもちゃを左右に動かしたり
隠したりして、そのおもちゃで
イヌが楽しんでいることを
確認する

Step2

おもちゃを自分の体にぴったり
くっつけて動かないようにする。
動かなくなるとイヌはおもちゃ
から離れるので、その瞬間に
「離して」と言う

Step3

イヌが離したら「よし」と言って
また遊ぶ。こうして
「離す」→「また遊べる」
と学習させる

※上級者は
「離したあとにお座りしたら
また遊ぶ」としてもよい

興奮をコントロールできて
信頼関係もできるから
一石二鳥です☆

なぜ叱っているのに言うことを聞かないの？

「イヌはほめて育てるべき」「いや、厳しく育てるべき」と、さまざまなしつけの方法が話題になっています。

一般的にイヌが望ましくない行動をしたとき、飼い主さんは叱る、たたくといった罰を与えます。罰には2種類あります。**正の罰**と**負の罰**です。正の罰はイヌにとって嫌なこと（罰子（ばっし））を起こすことで、負の罰はイヌのごほうび（強化子）をなくすことで、望ましくない行動の頻度が減ることをいいます。

「イヌが言うことを聞かない」と言う飼い主さんには、イヌに負の罰を用いて「それ以上続けたら、なにか悪いことが起こるよ（ごほうびがなくなるよ）」のサイン（NRM：No Reward Mark）を条件付けるようアドバイスします。そうすれば大声でイヌを怒鳴ったり、たたいたりする必要もなくなります。ちなみに私はいつも「あっ！」と軽く注意します。しかし「うちの子はそんな注意で言うことを聞くわけがない……」と思われるかもしれません。そう、**この注意は条件付いていないと意味がない**のです。

「言うことを聞かない」と言う飼い主さんは、飼い主さんが叱っていても、イヌは望ましくない行動を「し続けている」ことがほとんどです。重要なのは、叱ることで「イヌがその行動をやめること」です。イヌを叱ることで、イヌに自分が好ましくない行動をとっているということが伝わらなければ意味がありません。いくら叱られてもたたかれても、イヌにとってそれ以上にメリットがあることであれば、イヌはその行動をやめません。ですから肝心なのは、飼い主の注意の言葉の後に、イヌにとって「よいことがなくなっている」ことなのです。

とある一日

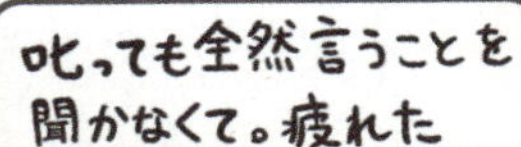

叱っているつもりでも、イヌにとっては楽しいことばかり。NRMで条件付けしないと!!

No Reward Markのことです。ごほうびがなくなる合図ですね

たとえば、要求吠えをしたら「だめ」と言ってから立ち去ると、イヌは飼い主がいなくなると学習するので、吠えなくなります

イヌの「ごほうび」ってなに？

イヌにとってのごほうびとはなんでしょう？　おいしいおやつでしょうか？　飼い主さんにほめられることでしょうか？　なでられることでしょうか？　その状況でイヌがしたいことだったらどれも正解です。イヌにとってのいちばんのごほうびは、イヌが心からうれしい、楽しいと感じる気持ちです。この気持ちは、なににも勝る強力な報酬です。

イヌがこの報酬を得られたとき、その行動を「もっと繰り返したい！」とやる気をだします。このやる気こそが最高のごほうびなのです。科学的な面から見ても、脳の報酬系の働きを担う神経伝達物質であるドーパミンが、やる気を起こさせたり、行動を強化したりすることが裏付けられています。

たとえば私はお散歩前、玄関から飛びだすのを防ぐために、常に玄関前のドアでお座りをさせ、私の許可（「よし」「OK」など）でイヌを外に出します。ほとんどのイヌは興奮しているので、最初は玄関前でお座りできません。このときのイヌにとってのごほうびは、ドアが開いて外に出られることです。こういったときには、おやつを使わず「お座り→ドアが開く」「立ち上がる→ドアが閉まる」とします。そして最後までじっとしていたら、「よし！」と飼い主さんが許可して、外に出してあげます。イヌはじっと我慢していて外に出られたうれしさ、達成感から、玄関前でお座りをするという行動が強化されるのです。

イヌのうれしい、楽しいという気持ちをじょうずに利用することで、おやつというごほうびに頼りすぎず、望ましい行動を強化するのがポイントです。

おやつなしで
「イヌの気持ち」を
ごほうびにしてみましょう
ごほうびが
気持ち？

飛び出し防止の
玄関前でのお座りの練習
で考えてみます

ドアを開けてイヌが立ち上がったら、すぐ閉める
座ったら開ける。立ち上がったら閉める。このように、
ドアを開けても立ち上がらなくなるまで繰り返します

イヌが行動した1秒以内に開閉を!!

できるようになったら外に出します。このときの
「外に出られてうれしい!」というイヌの気持ちが
ごほうびなのです。このごほうびが
玄関前でのお座りを強化します

飼い主が身に付けたい2つのマナー

持田佳奈（ペットビヘイビアリスト）

私は日ごろから、飼い主がイヌと心地よく暮らすために心がけたい2つのマナーを提案しています。1つ目のマナーは、愛犬家として家庭の外の環境、つまり家族以外の人や場面への配慮です。飼い主が「うちの子はいい子だからだいじょうぶ」と、根拠のない自信をもっていることがよくあります。これは自分のイヌを信頼しているのではなく、過信しているだけです。このように過信したあげく、イヌが人に噛みついてしまうことがありますが、実際に危害を加えたのはイヌでも、責任は飼い主にあります。大切な家族に罪を犯させることになるのです。**イヌの飼い主が周囲に迷惑をかけないよう配慮することは、大切な家族を守ること**です。

2つ目のマナーは、愛犬に対するものです。しつけと称してイヌになにかを強いるのではなく、イヌがイヌらしくイヌとして暮らせるような環境を整えたり、ニーズに応える配慮をしたいものです。イヌの信頼を失わないためのルールやコミュニケーションを、**イヌが理解できる方法でわかりやすく伝えて欲しい**のです。

たとえば、引っ込み思案なイヌを飼っている飼い主が、「フレンドリーな子にしたい」と色々な環境に連れ回すことがありますが、イヌはどう感じるでしょうか？　飼い主のペースに無理はないでしょうか？　苦手の克服はリハビリテーションのようなものですから、適切な手順と配慮が不可欠です。しかし、イヌはこのように大きなストレスを抱えている環境で、負担や不安をもたらすだけの飼い主に信頼を寄せられるでしょうか？

同じ社会に暮らすもの同士が、互いに信頼し合える環境の中で、心地よくともに暮らせる工夫や配慮ができるといいですね。

イヌの体の特徴を知る

イヌの脳と人の脳には大きな違いがあります。それは何でしょうか？　また、イヌとオオカミの遺伝子は99％一致します。ということはイヌ≒オオカミなのでしょうか？　この章ではイヌの体の特徴を解説します。

60 イヌにもストレスはあるの？

かたわらで眠る愛犬を見ながら、「あ〜ぁ、イヌはいいよね。人と違って学校も仕事もないし、ストレスなんて溜まらないんだろうなあ……」なんて思ったことはありませんか？

いいえ、イヌにもストレスは溜まります。むしろ、なにもすることがないことこそが、ストレスの原因になることもあるのです。たとえば、ケージの中に閉じ込められっぱなしの生活、小さな子供や仲が悪いほかの動物との生活、騒音……といった環境がストレスの原因になっていることもあります。

イヌが「ちょっと居心地が悪いなぁ……」というふうに緊張したり、ストレスを感じているときは、あくびをしたり、体を掻いたりするカーミング・シグナルを見せることがあります。

生きていくうえで多少のストレスは必要ですが、ストレスを慢性的に感じるようになると、人と同じで、体調を崩すだけでなく、ひどい場合はうつ病のような心の病気になってしまいます。

うつ病の人は、神経伝達物質セロトニンの分泌が、健康な人と比べると少なく、イヌにも同じことがいえます。**慢性的なストレスが溜まる状況にあるイヌのセロトニンの分泌量は、正常なイヌよりも少ない**のです。

食欲がない、注意力散漫、何事にもやる気がない、寝てばかりというのは、慢性的なストレスや沈うつ状態のサインです。イヌがストレスを感じているようで、ストレスの原因が明確な場合は、その要因を取り除き、落ち着ける環境をつくってあげましょう。たとえば、一緒に遊んだり、トレーニングしたり、フードを知育玩具から取りだす「お仕事」を与えてあげるなどです。

ストレスサインですね。
ストレスに気が付くのも飼い主の役割ですよ。
ずばり、ストレスはいたずらしている
子供たちです

どうすれば
いいのかしら…

子供たちが立ち入れない部屋に
移して、落ち着く環境をつくってあげて
ください

61 イヌにも機嫌の悪い日があるの？

「うちの子に急に咬まれてしまいました」「機嫌がいいときは唸らないんだけど……」。イヌにも機嫌の悪い日はあるのでしょうか？ 「最近仕事が忙しくて、家の掃除すらできていない！」――こんなとき、あなたの気分はどうですか？ 多忙な日々が続くとイライラしてくることでしょう。夫や子供、友だちが、「なにをイライラしているの？」と気にかけてくれたのに、「うるさいな！」とキレてしまったことはありませんか？

これはイヌも同じです。散歩に連れていってもらえない、遊んで欲しくても無視される、叱られる……こんな日常の不満が積み重なると、気分は不満モード全開です。こうなると、退屈でいたずらをしていたイヌを、飼い主が「やめなさい！」と言ってだっこしようとしても、手に咬みつかれたりします。

私は行動カウンセリングのとき、問題行動が起こる瞬間以外の普段のイヌの気分に注目します。飼い主は、「うちの子は落ち着きがなくて、家の中で色々なものをかじったり、いたずらしたりするんですよ」といいます。でも、落ち着かせたり、いたずらをやめさせる前に、**なぜ落ち着きがないのか、なぜいたずらをするのか、イヌの気分を考えて欲しい**のです。

イヌの気分を左右するのは、人と同じで日常の出来事です。最近、十分にお散歩したり、一緒に遊んであげたりしていたでしょうか？ 叱ってばかりでなく、きちんとコミュニケーションをとっていたでしょうか？ **イヌの気分を満たすだけで、いたずらがグッと減り、落ち着く**ことがあります。そもそも、無気力で落ち着きがない状態のイヌに新しい行動を教えるのは困難です。

最近、うちの子の機嫌が
悪いみたいで…。
イヌにも機嫌ってあるのかしら？

ちゃんと
構ってあげていますか？
そういえば…
平日は仕事優先だし
休日は1日中ゴロゴロして、
あまり構ってあげられて
ないかも…

それではイヌも
不機嫌になりますよー。
ちょっとしたことでもほめて
あげたり、おもちゃで
遊んであげたり、
散歩したりして
あげないと！
♪

ごめん…
気分を左右するのは
日常の小さな出来事の
積み重ね。
人もイヌも同じなのです

62 家出後、近所のメスイヌ宅で発見。発情期？

家のドアを開けるなり、近所のメスイヌのもとへまっしぐら！イヌの発情期は、いつなのでしょうか？

メスオオカミの発情期は、おもに春先です。1年に1回だと、自然界で子育てしやすいためです。しかしメスイヌは、発情期に季節が関係してくるメスオオカミとは異なり、発情期に季節は関係ありません。最初の発情期は生後7〜9カ月でやってきて、妊娠可能な体になります。その後は、約半年周期で発情期がやってきます。オスイヌには発情期がなく、メスイヌのフェロモンに興奮します。

つまり、オスイヌの発情期は年がら年中……もっと正確に言うと、メスイヌが発情期のときが、オスイヌにとっても発情期なのです。

さて、発情期と去勢・避妊は切っても切れない関係です。繁殖の予定がない限り、病気の予防や発情期のストレスなどを考えると、去勢・避妊することをお勧めします。

まれに「自然な状態でいさせてあげたい」と言う飼い主がいますが、私たち人と暮らし、繁殖の機会がないイヌは、そもそも自然な状態ではありません。

東日本大震災後、福島県では、逃げだしたイヌたちが繁殖し、困っているようすも見られました。この子イヌたちは人がいない場所で育ったため、人を恐れ、近寄ることもできません。「発情期のメスのにおいを追いかけて道路に飛び出して事故にあった」「ドッグランで不慮の妊娠をしてしまった」——このような予想外の事故を防ぐためにも、去勢・避妊をしておくとよいでしょう。

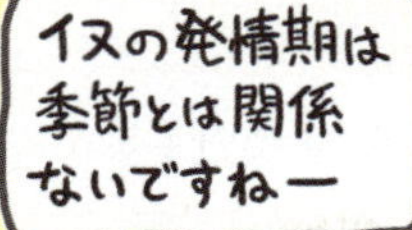

イヌとオオカミの違い

イヌ	性成熟の時期（♀）	オオカミ
7〜9カ月		22カ月
2回／年		1回／年

イヌも寝ているときに夢を見るの？

寝ている愛犬の手足がピクピク動いたり、クンクン鳴いたりしていることがあります。なにかの病気でしょうか？　いえ、これは**イヌが夢を見ている証拠**です。イヌも人と同じように夢を見るのです。

睡眠中のほ乳類（イヌを含む）、鳥類の脳波を調べると、人と同じように**レム（REM）睡眠**と**ノンレム睡眠**があるそうです。レム睡眠は、Rapid Eye Movementの頭文字をとったもので、文字どおり、眼球がグルグル動いている状態です。

レム睡眠は、体は眠っているけれども脳は活動している状態、つまり浅い眠りです。反対にノンレム睡眠は、脳、体ともに眠っている状態で、深い眠りです。夢を見るのは、おもにレム睡眠の間です。

そもそも、なんのために夢を見るのでしょうか？　レム睡眠中の脳は、私たちが寝ている間にも活動していて、**その日の情報を整理し、必要な情報を脳に記録**しています。これは小さなラットの脳でも同様に行われている作業なのです。

マサチューセッツ工科大学（MIT）のマシュー・ウィルソンとケンウェイ・ルイは、脳に電極を付けたラットを迷路で走らせ、ニューロンの発火パターンを調べました。すると驚くことに、眠っている間のラットのニューロンの発火パターンは、日中、迷路を走っているときと同じであることがわかったのです。

つまり、ラットは眠っている間に、日中の迷路の情報を整理し、夢の中で記録していたのです。イヌが夢を見ているときは、その日にあった出来事を整理し、学習しているのかもしれません。

見ますよ。寝言みたいにクンクン言うこともありますし。ちなみにラットも夢を見るのですが睡眠中、その日の情報を整理して記録していることがわかっています

そういえば今日、ウインナーを盗み食いしようとしたから叱ったわ…。でもモグモグしてるから、夢の中では成功したのかも

そうかもしれませんね

64 嫌なことがあるとすぐ粗相。嫌がらせ？

イヌにも、気持ちがある──イヌと暮らしている人ならあたり前に感じるでしょう。しかし、「イヌに気持ちはなく、条件反射で学習しているだけだ」と信じられていた時代もありました。イヌにも情動があることは、近年の科学の発達で脳の研究が進み、明らかになってきました。米国の神経学者ポール・マクリーンは、進化の過程に基づいて、脳を3層に分類しました。脳の大まかなしくみを理解するにあたり、今日も便利な仮説とされています。

もっとも古いといわれる爬虫類脳（はちゅうるいのう）(reptilian brain)は、大脳基底核から成り立ち、排泄や食べる、飲むといった、本能に基づく行動、生命維持をつかさどっています。次に、旧哺乳類脳（きゅうほにゅうるいのう）(paleomammalian brain)と呼ばれる、海馬（かいば）や扁桃体（へんとうたい）を含む大脳辺縁系（へんえんけい）は、情動をつかさどる部分です。情動とは、怒りや恐れ、悲しみや喜び、快、不快といったパワフルな気持ちのことです。そして、もっとも新しい新哺乳類脳（しんほにゅうるいのう）(neomammalian brain)は大脳新皮質で、計算や認知、論理的な思考といった、高次な機能を備えています。動物が高等になると大脳新皮質の占める割合が大きくなり、人はこの部分がとても発達しています。

実は、イヌの脳も人の脳も、基本的な構造は変わりません。ただ、イヌの脳は大脳新皮質が人ほど発達していないので、人ほど複雑に物事を考えることはできません。たとえば、イヌがほかのイヌを怖がるのは社会性の問題で、「自分はイヌではなく、人だ」と思っているからではありません。イヌの脳に、自己認識力はないからです。

イヌが留守中に排泄してしまうのは、不安が原因であり、「飼

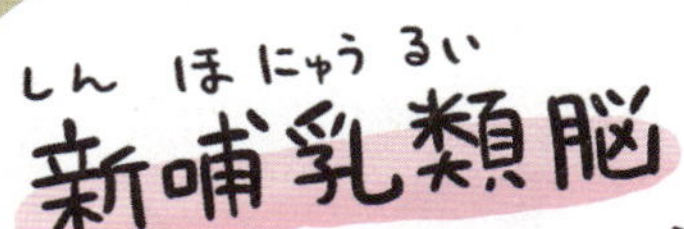

きゅう ほ にゅう るい
旧哺乳類脳

は ちゅう るい
爬虫類脳

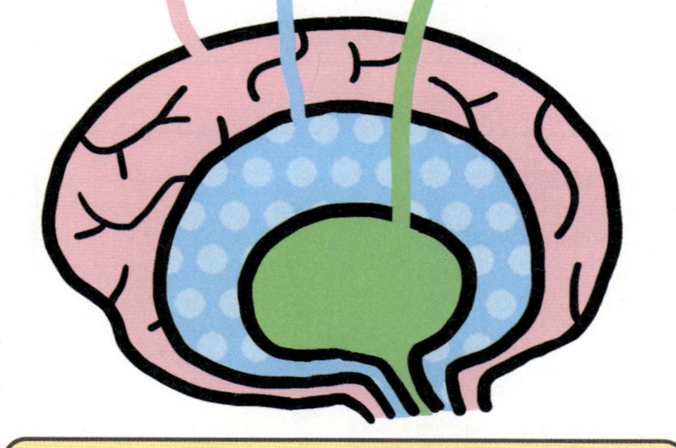

人を含む全ての哺乳類は、
同じ原型の脳の構造を持っている

い主に嫌がらせしてやる！」と思って行っているわけではありません。イヌには、先を読んだ計画性のある行動は不可能なのです。

しかし、大脳辺縁系は、人もイヌもさほど差がありません。陽

電子放出断層撮影法（PET）※を用いた研究では、怒りや恐れ、喜びや悲しみといった情動が、イヌの大脳辺縁系でも生じていることが確認されています。

※あらかじめ放射線をだす放射性薬剤を投与し、放射性薬剤から出る放射線を観察することで、臓器や組織のさまざまな機能を測定し、画像として表示できる。

イヌは嫌がらせをしようと思って、家の中でおしっこをしているわけではない。普段のお散歩できちんと排泄させることも欠かせない

65 イヌの祖先はオオカミなの？

イヌの遺伝子は、祖先であるオオカミのDNAと99％一致するといわれています。かつて、イヌの祖先はオオカミ説のほか、ジャッカル説やコヨーテ説もありました。しかし、遺伝子学の発展で、イヌの起源が明らかになってきました。

なかでも**mtDNA（ミトコンドリアDNA）**は、進化の過程を調べるのに打って付けです。なぜなら、mtDNAは通常のDNAとは異なり、父親ではなく、**母親からしか子供に遺伝しないため、最終的には特定の先祖に行き着ける**からです。

このmtDNAの分析の結果、私たちと生活しているイヌの直系の祖先は、東アジアに住んでいたオオカミ、ということが明らかになりました。その後、イヌたちは世界中に広がっていき、品種改良を経て、認定されているだけでも300種類以上、認定されて

ジャッカル（左）とコヨーテ（右）。かつてはイヌの祖先ではないかと考えられたこともあった

いないものも含めると800種類はいるといわれています。

では、イヌはいつから人と暮らすようになったのでしょうか？　これまで、人がイヌを家畜化するにあたり、人に慣れやすいオオカミを選び、飼い慣らしていった結果、オオカミはイヌになった、という説が信じられていました。しかし、現在ではmtDNAの分析により、**人に飼い慣らされ始めた時点ですでにオオカミではなく、イヌであった**という説が有力です。

どちらの説が正しいのかは、まだ明らかになっていませんが、少なくとも約1万5,000年、もしかするとさらに数万年前からイヌと人は共存していたようです。ちなみに、現在のイヌ（Canis lupus familiaris）は、オオカミ（Canis lupus）と同種ではなく、亜種とされています。

オオカミとイヌは似て非なるモノ

オオカミはイヌの祖先であり、遺伝子も99％一致するといわれ

イヌ。子供っぽく、人を頼りにする。写真は黒柴

オオカミ。独立心が強く、人になつきにくい

ているということは、ほとんどオオカミ≒イヌなのでしょうか？　それは違います。**あくまでもイヌはイヌ、オオカミはオオカミ**です。たとえば、人がオオカミを生まれたときから育てても、イヌのようにはなりません。

人が育てた生まれて間もない3～5週齢のオオカミとイヌを比較すると、イヌのほうがより人に近づき、人の顔を見つめ、尻尾を振ったり、鳴いたり、コミュニケーションを取ろうとするようすが見られました。また、オオカミは檻の中にある肉を自力で必死に取りだそうとしますが、イヌは人のほうを見て助けを求めます（Miklósi et al., 2003）。

オオカミは独立心がありますが、イヌはオオカミよりもずっと子供っぽく、人を頼りにしています。だからこそ、人とイヌの間にはこのように長い歴史があるのでしょう。

よって、イヌを仰向けに押さえつけるロールオーバーや、イヌの口をつかむマズルコントロールといった、**オオカミの行動をもとに考えられたイヌのしつけ方法はよくない**のです。

ロールオーバーのイメージ。イヌが問題行動をしたとき、無理矢理仰向けにして服従の体勢を取らせても解決しない

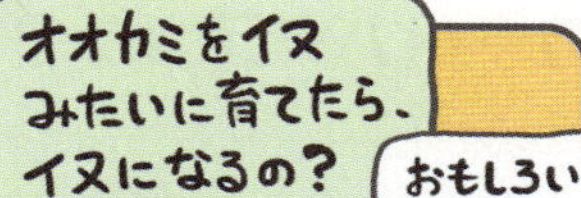

おもしろい
実験が
あります

子供のころから
人に育てられた
オオカミ

VS
イヌ

エサを取得する
方法を学習させる

←肉

ちょろいぜ

ところが細工をしてエサが取れないように！

そのときどうする!?

イヌ

すぐ人
を見る

開かない
の…

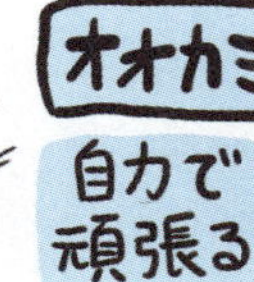

オオカミ

自力で
頑張る

やったるでー

ビーーー

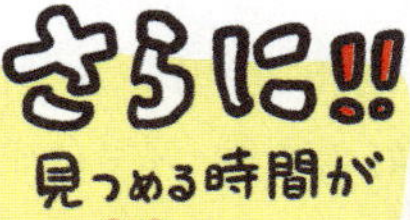

さらに!!
見つめる時間が
長い
短い

チラっ

やっぱりイヌとオオカミは違うのね

66 イヌはオオカミの子供バージョン？

前項で、オオカミはイヌの祖先と解説しましたが、垂れた耳にクルンと巻いた尻尾、短いマズルに短い手足は、キリッとりりしいオオカミに比べると子供っぽく感じられます。

それもそのはず、イヌはオオカミの**幼形進化**（Paedomorphosis）といわれているからです。幼形進化とは、大人になっても、子供時代の特徴や性質をもっていることをいいます。

幼形進化の例として、イヌとオオカミの**見かけの違い**を見てみましょう。イヌの脳や頭の大きさは、同じ体重のオオカミと比べて20～25％も小さく、歯もオオカミの鋭くて大きい歯に比べると小さく、歯列の間隔も狭くなっています。

さらにイヌのマズルは短く、オオカミにはクルンと巻いた尻尾（巻き尾）は、めったに見られません。ソ連（現ロシア）の遺伝学者ドミトリ・ベリャーエフが行った、遺伝的に人懐っこいキツネをつくりだす実験（67参照）でも、通常の神経質なキツネには巻き尾が見られなかったのに対し、交配を続けるにつれて、人懐っこいキツネには巻き尾が見られるようになりました。

幼形進化の例として、**行動の違い**も見てみましょう。オオカミは性成熟後、遊びが減りますが、イヌはさほど変化せず、成犬になっても遊びが大好きです。イヌは成犬になっても、クンクンと子イヌのように「寂しいよ」と鳴いたりしますが、オオカミには稀です。なにより、イヌはオオカミより新しい環境への適応能力が高く、トレーニングもしやすく、オオカミよりもはるかに柔軟性に富んでいます。イヌはオオカミよりも従順で、怒りに対する許容量も大きいのです。

オオカミとイヌの違い

	比較項目	オオカミ	イヌ
見かけ	脳・頭の大きさ	大きい	オオカミより 20〜25%小さい
	歯の大きさ	大きい	小さい
	歯列の間隔	広い	狭い
	マズル	長い	短い
	尻尾	垂れ尾や巻き尾はない	垂れ尾や巻き尾などさまざま
	耳	立ち耳	立ち耳や垂れ耳などさまざま
行動	吠え	ない	多い
	唸り	あり	あり
	マズルを咬む	多い	少ない
	遊び	性成熟後は少ない	多い（一生）
	トレーニング性	低い	高い
	尿によるマーキング	少ない	多い
性	性成熟	22カ月	7〜9カ月
	メスの発情期	1回/年	2回/年
	オスの発情期	季節性	通年

67 「ベリャーエフの実験」とは？

ソ連（現ロシア）のドミトリ・ベリャーエフは、もともと警戒心の強い銀ギツネの中から、イヌのように人懐っこいキツネを遺伝的に選び抜き、人懐っこいキツネを人工的につくりだすことに成功しました。

1959年、ベリャーエフはソ連のノヴォシビルスクで、キツネの毛皮をつくる仕事をしていました。野生のキツネは非常に警戒深く、扱いにくいので、ベリャーエフは人から逃げないキツネを選んで繁殖させることにします。

毛皮づくりの飼育場にいたキツネは、90％が攻撃的だったり、怖がりだったりして、10％がおとなしいキツネでした。ベリャーエフはこの10％のキツネを選んで繁殖させ、次世代のキツネからさらに人に対する警戒心が少ないキツネを選び抜いて繁殖させ続けました。この結果、**18世代目にして、見かけも行動もイヌのようなキツネが誕生**したのです。

これらのキツネには、垂れた耳、巻いた尻尾、まだらの毛などが現れるようになりました。行動もイヌのように人懐っこくなり、尻尾を振ったり、人の手や顔をなめたり、クンクン鳴いたりするようになりました。

さらに驚くべきことに、通常1年に1回の繁殖期が、イヌと同様1年に2回になったキツネも現れました。

65でイヌの家畜化に触れましたが、はるか昔、人は人が暮らしている地域を恐れずに近づいてきたイヌの繁殖を繰り返していくうちに、私たちと一緒に暮らすようになり、最高の友になっていったのかもしれません。

時は1950年代の終わりごろ…

ギャアアアアア!!
キツネは気性が荒いな。
おとなしいキツネは10%ぐらいか…
← ベリャーエフさん

おとなしいキツネだけを選んで繁殖させよう

18世代目にして誕生!!
垂れ耳
白い巻き尾
人懐っこい
まだら模様
しっぽを振って手や顔をなめる
キューン キューンと鳴く
メスの発情期は犬と同じ年2回

※すべてのキツネの見た目や行動が変化したわけではなく、攻撃的な個体もいた

犬の祖先人に接近
偉大なる一歩

人から食べ物をもらう
人と仲良しになる

犬もこうして人と仲良くなってきたのかもしれませんね

獣医と行動カウンセラーが連携する英国

ピーター・ネヴィル博士（The Center of Applied Ethology創設者）

英国では一般的に、最初に獣医が動物の行動に変化を及ぼした臨床的な原因があるか、身体的に問題がないか確認した後、行動カウンセラー（ペットビヘイビアリスト）に紹介するしくみです。そして行動カウンセラーによって、問題行動となっている原因が診断された後、個々に合った治療プログラムに従って、行動を改善していくのです。社会化の欠陥から、問題行動に発展することもあるので、行動カウンセラーが動物病院でパピークラスを開くことも増えています。

英国においてイヌの問題行動でもっとも多いのは攻撃行動です。ほかのイヌへの攻撃行動もあれば、人への攻撃行動もあります。多くの場合、これは恐怖心がもとになった、自身の身を守るための攻撃行動です。見知らぬイヌから攻撃されたイヌは、身を守る策として、ほかのイヌを攻撃するようになるのです。心ない飼い主のチョークチェーンや暴力、ドミナンスリダクションプログラム※による間違ったしつけ方で苦痛を味わったイヌは、飼い主に攻撃的になります。現在、このような古典的な方法は、科学者や一歩先を行くトレーナー、行動カウンセラーからは排除されつつあります。

私は1990年に英国の獣医学校で初めての行動カウンセリングクリニックを開業して以来約25年、伴侶動物の行動カウンセラーとして携わってきて、米国のオハイオ州立大学や日本の宮崎大学の獣医学部で、名誉教授として講義を行うチャンスにも恵まれました。学術的かつ実際の現場で技術的にすぐれた行動カウンセラーが、英国や日本、世界中で活躍し、数えきれないほどのイヌ・ネコの生活が満たされたものになることを切に願っています。

※自分がいちばん偉いとイヌが思わないようにすること。

付録1

イヌの代表的な問題行動
〜実はそれ、問題行動かもしれません

以下はイヌの代表的な問題行動です。自分が飼っているイヌが問題行動をしていないか確認してみましょう。一緒に住んでいると意外に気がつきません。なお、以下のチェックリストに該当しても、直ちに大きな問題が発生するとはかぎりませんが、あまりに頻発するようであれば、対策を考えることをお勧めします。

- □ 散歩中に食べ物でないもの（落ち葉、石ころ、タバコの吸い殻など）を拾い食いする
- □ 家具など（壁、ドア、椅子、クッション）をかじる
- □ 床や壁、人の手を一心不乱になめ続ける
- □ 自分の四肢をずっとなめ続ける。やめさせようとしてもやめない
- □ 自分の尻尾を追いかける
- □ 留守中、排泄に失敗することがある（普段はできる）
- □ 食糞をする
- □ おしっこまたはうんちをきちんとトイレでする確率が80%以下である
- □ 自分の食べ物やおもちゃなどを守り、攻撃的になる
- □ なにもないのにずっと吠えていることがある
- □ 要求吠えが多い
- □ 来客時はずっと吠えていて、飼い主のいうことを聞かない
- □ 飼い主を本気で咬むことがある
- □ 他人を咬んだことがある
- □ 他のイヌに向かって吠えるなど攻撃的である
- □ 自転車やオートバイ、ジョギング中の人を追いかける
- □ 嫌がるのでブラッシングができない
- □ 飼い主のいうことやコマンドを聞く確率は50%以下である

付録2

生活環境の充実度チェック
～あなたのイヌは満たされている?

自分が飼っているイヌが幸せかどうか、以下のチェックリストで確認してみましょう。全部の項目にチェックを入れるのは難しいかもしれません。しかし、少しでもあなたの時間を割いてあげることができればイヌは幸せになれるのです。

- □ 1日に30分以上、集中して遊んであげている
- □ 少なくとも1日1回、もしくは1日2回のお散歩を欠かさない(老犬を除く)
- □ お気に入りのおもちゃを持っている
- □ 普段はケージの外にいる。またはケージの外で過ごす時間が1日に6時間以上ある
- □ 排泄成功率は90%以上だ
- □ お気に入りのかじるおもちゃや、イヌ用のガムを持っている
- □ 飼い主のいうことやコマンドに喜んで従う
- □ トレーニングのような「自分で考える時間」や、新聞の回収などの「仕事」がある
- □ ごはんを食べるのが好きだ
- □ ブラッシングをしてもらうのが好きだ

→チェックが8～10個:とても幸せなイヌです

→チェックが5～7個:まあまあ幸せなイヌです

→チェックが4個以下:もっと幸せなイヌにしてあげましょう

付録3

イヌの年齢と人の年齢の対照表
～2年たつころには、すっかり大人!

昔からよくいわれているのは、「イヌ（小型～中型犬）は1年で、人の15歳相当（大型犬は12歳相当）に成長、2年で24歳になる。その後は、4倍の速度（大型犬は7倍）で年を取っていく」という目安。小型～中型犬の寿命は14～17年、大型犬の寿命は9～13年と、大型犬のほうが短いのも特徴です。小型～中型犬は早く大人になりますが、老化は大型犬に比べて緩やかです。逆に大型犬は、ゆっくり大人になって老化は早く訪れます。

表　イヌと人の年齢対照表

イヌ(小型～中型)	人
1カ月	1歳
2カ月	3歳
3カ月	5歳
6カ月	9歳
9カ月	13歳
1年	15歳
2年	24歳
3年	28歳
4年	32歳
5年	36歳
6年	40歳
7年	44歳
8年	48歳
9年	52歳
10年	56歳
11年	60歳
12年	64歳
13年	68歳
14年	72歳
15年	76歳
16年	80歳
17年	84歳
18年	88歳
19年	92歳
20年	96歳

イヌ(大型)	人
1カ月	1歳
2カ月	3歳
3カ月	5歳
6カ月	7歳
9カ月	9歳
1年	12歳
2年	19歳
3年	26歳
4年	33歳
5年	40歳
6年	47歳
7年	54歳
8年	61歳
9年	68歳
10年	75歳
11年	82歳
12年	89歳
13年	96歳

●小型～中型犬の3年目以降

1年で15歳、2年で24歳、3年目以降は1年で4歳、年を取る

人の年齢＝24＋(イヌの年齢－2)×4

●大型犬の2年目以降

1年で12歳、2年目以降は1年で7歳、年を取る

人の年齢＝12＋(イヌの年齢－1)×7

※実際は、犬種、飼育環境などによる個体差が大きいので、あくまでも目安です。

参考：『小動物の栄養学 III』（日本ヒルズ・コルゲート内　マーク・モーリス研究所連絡事務局）

《参考文献》

『学習の心理』 実森正子・中島定彦/著(サイエンス社、2000年)

『カーミングシグナル』 テゥーリッド・ルーガス/著、石綿美香/訳(エー・ディー・サマーズ、2009年)

『イヌの「困った!」を解決する』 佐藤えり奈/著(SBクリエイティブ、2012年)

Jaak Panksepp, Affective Neuroscience (Oxford University Press, 1988)

James O' Heare, Aggressive Behavior in Dogs (DogPsych Publishing, 2007)

Karen Pryor, Don't shoot the dog! : The New Art of Teaching and Training (Bantam, 1999)

Raymond and Lorna Coppinger, Dogs : A New Understanding of Canine Origin, Behaviour and Evolution (Crosskeys Select Books, 2004)

Ádám Miklósi, Dog behavior, evolution, and cognition (Oxford University Press, 2007)

Steven R. Lindsay, Handbook of Applied Dog Behavior and Training Volume One (Blackwell Publishing, 2000)

Steven R. Lindsay, Handbook of Applied Dog Behavior and Training Volume Two (Blackwell Publishing, 2001)

Steven R. Lindsay, Handbook of Applied Dog Behavior and Training Volume Three (Blackwell Publishing, 2005)

James Serpell, The Domestic Dog (Cambridge University Press, 1995)

索引

おやつがないと言うことを聞けないの?
飼い主を咬むのはナメているからなの?

イヌの「困った!」を解決する

佐藤えり奈

好評発売中

本体 952円

「番犬」から「家族の一員」として飼われるようになりつつあるイヌは、人と密着して暮らすようになってきました。その結果、飼い主を困らせる問題行動に悩まされる飼い主が増えています。本書では、イヌ本来の行動を科学的に理解し、イヌに多い問題行動を、その発生原因から対処法まで、実際のケースを豊富に取り上げながら、わかりやすく説明していきます。

第1章　イヌの問題行動とは?
第2章　攻撃行動を解決する
第3章　不安恐怖行動を解決する
第4章　排泄問題を解決する
第5章　飼い主と意思の疎通ができるようにする
第6章　イヌを飼う前に大切なこと

むやみにひっかくのを止めるには?
尿スプレーをやめさせる方法は?

ネコの「困った!」を解決する

壱岐田鶴子

好評発売中

本体
952円

近年、ネコと人との関係は、どんどん親密にな っています。それにともない、尿スプレー、飼い主への攻撃、ネコ同士のけんかなど、飼い主にとって「困った!」行動に悩まされる方も増えています。本書では、ネコの問題行動が起こる原因から対策法まで、実際のケ ースを豊富に取り上げながら、わかりやすく解説していきます。

第1章　ネコの問題行動とは?
第2章　不適切な排泄行為を解決する
第3章　攻撃行動を解決する
第4章　不安行動を解決する
第5章　そのほかの問題行動を解決する
第6章　対処法の具体例を見てみよう

危ないドッグフードの見分け方とは?
肥満犬を走らせてもやせない理由は?

イヌを長生きさせる50の秘訣

臼杵 新

11刷!

本体
952円

イヌの飼い主なら「この子が少しでも長生きしてくれますように!」「この子とずっと一緒にいたい!」と思うのは当然のことです。しかし、誤った飼い方をすると寿命を縮めたり、事故や病気などで命を落とすこともあります。本書では、本当にイヌのためになる環境、運動方法、食生活を解説しながら、病気やケガのサインの見つけ方、老犬にやさしい暮らし方まで紹介していきます。

第1章　イヌを長生きさせる環境
第2章　イヌを長生きさせる運動
第3章　イヌを長生きさせる食生活
第4章　病気やケガのサインを知って早期発見
第5章　老犬と幸せに暮らす知恵

ごはんを食べなくなったら?
鳴き声はストレスの表れ?

ネコを長生きさせる50の秘訣

加藤由子

9刷!

本体
952円

ネコとの楽しい生活は、いつまでも、ずーっと長く続けたいもの。そんなネコを愛する飼い主のみなさんが、1日でも長くネコとの幸せな日々を送ることができるように、ネコのエキスパートである加藤由子さんが、あなたのネコを長生きさせる50の秘訣を科学的視点でズバリ回答。ふだんからできる心がけや、ネコの性格をつかむコツを紹介し、ネコとの幸せ生活をサポートします。

第1章　よい関係を築くための秘訣
第2章　快適な暮らしのための秘訣
第3章　豊かな絆を結ぶための秘訣
第4章　病気にさせないための秘訣
第5章　幸せな老後のための秘訣

サイエンス・アイ新書 発刊のことば

science・i

「科学の世紀」の羅針盤

20世紀に生まれた広域ネットワークとコンピュータサイエンスによって、科学技術は目を見張るほど発展し、高度情報化社会が訪れました。いまや科学は私たちの暮らしに身近なものとなり、それなくしては成り立たないほど強い影響力を持っているといえるでしょう。

『サイエンス・アイ新書』は、この「科学の世紀」と呼ぶにふさわしい21世紀の羅針盤を目指して創刊しました。情報通信と科学分野における革新的な発明や発見を誰にでも理解できるように、基本の原理や仕組みのところから図解を交えてわかりやすく解説します。科学技術に関心のある高校生や大学生、社会人にとって、サイエンス・アイ新書は科学的な視点で物事をとらえる機会になるだけでなく、論理的な思考法を学ぶ機会にもなることでしょう。もちろん、宇宙の歴史から生物の遺伝子の働きまで、複雑な自然科学の謎も単純な法則で明快に理解できるようになります。

一般教養を高めることはもちろん、科学の世界へ飛び立つためのガイドとしてサイエンス・アイ新書シリーズを役立てていただければ、それに勝る喜びはありません。21世紀を賢く生きるための科学の力をサイエンス・アイ新書で培っていただけると信じています。

2006年10月

※サイエンス・アイ（Science i）は、21世紀の科学を支える情報（Information）、
知識（Intelligence）、革新（Innovation）を表現する「i」からネーミングされています。

SB Creative

サイエンス・アイ新書

SIS-323

http://sciencei.sbcr.jp/

イヌの気持ち(きもち)がわかる67の秘訣(ひけつ)

なぜどこにでも穴(あな)を掘(ほ)ろうとするの？どうしていつも地面(じめん)のにおいを嗅(か)ぐ？

2015年2月25日　初版第1刷発行

著　　者　佐藤(さとう)えり奈(な)
発 行 者　小川 淳
発 行 所　SBクリエイティブ株式会社
〒106-0032　東京都港区六本木2-4-5
編集：科学書籍編集部
03(5549)1138
営業：03(5549)1201
装丁・組版　クニメディア株式会社
印刷・製本　図書印刷株式会社

乱丁・落丁本が万が一ございましたら、小社営業部まで着払いにてご送付ください。送料小社負担にてお取り替えいたします。本書の内容の一部あるいは全部を無断で複写（コピー）することは、かたくお断りいたします。

©佐藤えり奈　2015　Printed in Japan

ISBN 978-4-7973-5848-3

SB Creative